# Inhaltsverzeichnis

W0039428

# Kommunikation des Haushundes

(Dr. Dorit Urd Feddersen-Petersen)

# Die Autoren

## Daniel Chao

Geboren 1967 in Dortmund, Studium der Mathematik an der RWTH Aachen. Seit 1992 mittelständischer Geschäftsführer im Bereich Informationstechnologie, seit 2000 mit Schwerpunkt Weiterbildung/eLearning.

Hatte die Idee einer computerbasierten und standardisierten Prüfung für Hundehalter und fand in der Bundestierärzteschaft, die sich schon seit langem für die Einführung eines bundesweit einheitlichen Sachkundetests für Hundehalter einsetzt, einen idealen Partner für die Verwirklichung eines gemeinsamen Projekts.

Er zeichnet verantwortlich für die technische Umsetzung von D.O.Q.-Test 2.0 (für Hundehalter) und D.O.Q.-Test PRO (für Hundetrainer) und ist an der konzeptionellen Entwicklung beteiligt. Hunde zählen seit seinem 14. Lebensjahr zu seinen wichtigsten Hobbies.

## Dr. Dorit Urd Feddersen-Petersen

Jahrgang 1948, Studium der Tiermedizin an der Tierärztlichen Hochschule Hannover. Fachtierärztin für Verhaltenskunde, Zusatzbezeichnung Tierschutzkunde, Dozentin am Zoologischen Institut der Christian-Albrechts-Universität zu Kiel, Leiterin der dortigen ethologischen AG.

Schwerpunkte der wissenschaftlichen Arbeit: Verhaltensentwicklung bei verschiedenen Hunderassen, sensible Phasen, soziale Kommunikation agonistisches Verhalten, Sozialspiel, Mensch-Hund-Kommunikation, -Beziehung und -Bindung, kognitives Verhalten von Wölfen und Hunden u. a.

Neuere Bücher:
Ausdrucksverhalten beim Hund, Franckh-Kosmos, Stuttgart, 2008.
Hundepsychologie, Franckh-Kosmos, 4. völlig neu erarbeitete Auflage, 2004.
Hunde und ihre Menschen, Franckh-Kosmos, 2. Aufl., 2001.
Fortpflanzungsverhalten beim Hund, Gustav Fischer Jena, 1994 (vergr. Neuausgabe 2010, Franckh-Kosmos).
Insgesamt 88 Publikationen und 497 Vorträge.
Felix Wankel Tierschutz Forschungspreis 1992.

## Dr. Pasquale Piturru

Geboren 1965 in Genua, Studium der Veterinärmedizin an der Tierärztlichen Hochschule Hannover. Fachtierarzt für Verhaltenskunde, Zusatzbezeichnungen Tierschutzkunde und Verhaltenstherapie. Er betreibt eine Kleintierpraxis in Pinneberg (Schleswig-Holstein), arbeitet auch als selbstständiger wissenschaftlicher Berater und Gutachter und koordiniert internationale Tierschutzprojekte.

Er ist Mitinitiator und Koordinator der staatlichen Zertifizierung von Hundetrainern durch die Tierärztekammer Schleswig-Holstein.

Veröffentlichte Bücher:

Lassie, Rex & Co. klären auf. Kynos Verlag, Mürlenbach, 2004.
Tuo affezionatissimo Fido, Editoriale Olimpia, Firenze, 2006.

## Dr. Wolf-Dieter Schmidt

Jahrgang 1944, Studium der Veterinärmedizin an der Tierärztlichen Hochschule Hannover, von 1975 bis 2006 als Kleintierpraktiker in Wolfsburg niedergelassen. Seit den 1990er Jahren Fortbildungen zum Thema Verhaltenstherapie veranstaltet.

Referent im In- und Ausland (u. a. Weltkongresse für Kleintierpraktiker 1999 Lyon, Frankreich und 2001 in Vancouver, Canada). Diverse Funk- und Fernsehkommentare zu Verhaltensproblemen.

Erster Vorsitzender des Vereins Tierärztliche AG-Hundehaltung e.V. und einer der Mitinitiatoren des D.O.Q.Tests 2.0.

Veröffentlichte Bücher:

Verhaltenstherapie des Hundes. Schlütersche Verlagsgesellschaft, Hannover, 2002.
Verhaltenstherapie der Katze. Schlütersche Verlagsgesellschaft, Hannover, 2003.

Alle Autoren haben auf ihr Honorar aus den Verkäufen dieses Buches verzichtet. Sie empfinden die weitere Verbreitung der Sachkunde unter den Hundehaltern als angewandten Tierschutz, den sie damit tatkräftig unterstützen möchten.

# Vorwort

Liebe Leserinnen und Leser,

seit meiner frühesten Jugend verbinden mich mit Tara, April und Brian viele Jahre schöner Erinnerungen. Meine treuen vierbeinigen Wegbegleiter waren mit der Antrieb, im April 2006 als technischer Part und »externer Geburtshelfer« dem Projekt »bundesweit einheitliche Sachkundeprüfung« beizutreten.

Die nachfolgenden Kapitel, geschrieben von einigen der führenden Initiatoren des D.O.Q.-Test 2.0, bieten Ihnen mit Lernstoff und Beispielen die optimale Vorbereitung zur bundesweit einheitlichen Sachkundeprüfung und sind darüber hinaus auch eine ideale Informationsquelle für alle verantwortungsbewussten Hundehalter. Bedingt durch den Umstand, die prüfungsrelevanten sieben Sachgebiete auf drei Autoren aufzuteilen, lassen sich geringfügige Überschneidungen aufgrund teilweise fließender Übergänge von Themeninhalten nicht gänzlich ausschließen. Da wir uns in diesem Buch schwerpunktmäßig auf den Theorieteil D.O.Q.-Test 2.0 beschränken wollen, sei der Vollständigkeit halber erwähnt, dass nach erfolgreichem Abschluss auch die praktische Prüfung angetreten werden kann.

Alle an diesem Buch beteiligten Autoren verzichten zu Gunsten des Vereins Tierärztliche Arbeitsgemeinschaft Hundehaltung TAG-H e.V. auf ihr Honorar. Der Verein TAG-H e.V. ist hervorgegangen aus der Arbeitsgemeinschaft Hundehaltung in der Bundestierärztekammer BTK, welche zwischenzeitlich aufgelöst wurde.

Eines der Hauptziele der TAG-H e.V. ist die Verbreitung und Förderung der Sachkunde unter Hundehaltern, wozu auch die permanente Weiterentwicklung und Verbesserung prüfungsrelevanter Fragen gehört. Denn nur wer sachkundig ist und die grundlegenden Verhaltensweisen des Hundes kennt, besitzt die optimale Ausgangsbasis, mit seinem Hund »richtig« umzugehen. Zum richtigen Umgang mit dem Hund gehört es auch, seine Bedürfnisse zu kennen und zu berücksichtigen, um eine Anpassung an unseren Lebensstil in einer menschlichen Welt art- und vor allen Dingen tierschutzgerecht durchzuführen. Dabei ersetzt das in diesem Buch vermittelte Basiswissen aber keinesfalls den Besuch einer guten Hundeschule oder den Kauf guter Fachbücher, sondern legt nur die Mindestvoraussetzung an Kenntnissen fest, um mit dem Hund umgehen zu können.

Haben Sie den Titel dieses Buches noch vor Augen? »Hunde und Menschen – immer gern gesehen?« Die Antwort auf diese Frage einer nunmehr 15.000 Jahre anhaltenden Beziehung lautet natürlich: Nein! Denn sonst wären alle Folgeseiten diese Buches überflüssig, der D.O.Q.-Test 2.0 hätte keinerlei Daseinsberechtigung und die bizarren Diskussionen um Kampfhunde und Rasselisten der vergangenen Jahre wären nie entstanden.

Durch Hundebisse kam im Sommer 2000 der kleine Volkan aus Hamburg ums Leben. Einige von Ihnen werden sich vielleicht noch an diese schreckliche Begebenheit erinnern. Denn dieser Vorfall löste mit entsprechender Medienbegleitung im gesamten Land tiefe Betroffenheit aus, begleitet von einer großen Ratlosigkeit und Unbeholfenheit beim Gesetzgeber, mit dieser Situation souverän umzugehen. In nahezu allen Bundesländern wurden binnen kürzester Zeit Verordnungen oder Gesetze zur Bekämpfung gefährlicher Hunde verschärft oder neu gefasst. Die Hundepopulation sollte sich von nun an in gefährliche und ungefährliche Rassen aufteilen, denn die Lösung zur Vermeidung weiterer Unfälle schien mit der neuen Kampfhundedefinition und der Festlegung von Rasselisten gefunden zu sein.

Bereits seit Jahren aber fordern öffentliche Stellen, Tierärzte und engagierte Hundefachleute, dass Hundehalter im Interesse der öffentlichen Sicherheit und Ordnung eine Sachkundeprüfung ablegen sollen. Idealerweise sollte das erforderliche Wissen rund um den Vierbeiner sogar bereits vor seiner Anschaffung unter die Lupe genommen werden, um einen art- und tierschutzgerechten Umgang sicherzustellen.

Als Folge des tödlichen Beißvorfalls in Hamburg im Jahre 2000 wurde die Arbeitsgemeinschaft Hundehaltung (vormals Arbeitskreis »Gefährliche Hunde«) in der Bundestierärztekammer ins Leben gerufen. Von Anfang an war es ihr Ziel, die Sachkunde von Hundehaltern und den Umgang mit ihren Hunden zu verbessern.

Diese Arbeitsgemeinschaft, bestehend aus Tierärzten, die von veterinärmedizinischen Fakultäten, den verschiedenen Tierärztekammern der Länder und kynologischen/verhaltenstherapeutischen Verbänden entsandt wurden, hatte bereits im September 2002 einen so genannten Stichwortkatalog veröffentlicht, um Behörden und Verbänden durch vorgegebene Rahmenwerte und Inhalte eine Hilfestellung bei der Erstellung von Sachkundeprüfungen zu sein. Im Frühjahr 2005 hatte die Arbeitsgemeinschaft die Kriterien zur Mindestanforderung an Hundeschulen und Empfehlungen an Welpengruppen vorgelegt, welche innerhalb der Bundestierärzteschaft einstimmig verabschiedet und als BTK-Standard übernommen wurden.

»D.O.Q.-Test 2.0: Sachkundeprüfung für Hundehalter - Am richtigen Ende der Leine ansetzen« lautete die Pressemitteilung der Bundestierärztekammer, als sie Anfang 2008 die Öffentlichkeit von der ersten bundesweit einheitlichen Sachkundeprüfung für Hundehalter informierte, entstanden unter dem Dach der Bundestierärztekammer. Denn nur ausreichendes Wissen und verantwortungsvolles Verhalten der Hundebesitzer könne helfen, die Zahl der Beißunfälle wirksam und langfristig zu reduzieren, lautete die Botschaft.

Sicherlich haben Sie sich bereits die Frage gestellt, was den D.O.Q.-Test 2.0 – phonetisch übrigens gleichlautend zu DOG beziehungsweise DOC – von anderen Sachkundetests unterscheidet. Was bedeutet eigentlich bundesweit einheitlich?

Ein wesentliches Unterscheidungsmerkmal zu anderen Sachkundeprüfungen ist sicherlich die Durchführbarkeit per Mausklick oder als einmalige Papiervariante, und dieses in jeder Tierarztpraxis oder Hundeschule mit zertifiziertem Hundetrainer nach D.O.Q.-Test PRO.

Aus Sicht des Prüfungskandidaten bedeutet bundesweit einheitlich, dass in beiden Prüfungsvarianten die zur Durchführung bevollmächtigte Person keinerlei Einflussnahme darauf hat, wie und was abgeprüft wird. Durch die maschinelle Zusammenstellung der Prüfung vom Typ Multiple-Choice (= Mehrfachauswahl), derzeit übrigens bestehend aus 30 Prüfungsfragen aus sieben Sachgebieten, und der automatischen Auswertung wird also ein Höchstmaß an Objektivität gewährleistet und garantiert jedem Antretenden bundesweit Chancengleichheit. Erkenntnisse aus aktuellen Beißvorfällen können aufgegriffen und in Form von Prüfungsfragen umgesetzt werden. Die elektronische Variante bietet zusätzliche Möglichkeiten, durch multimediale Einspielungen einen höheren Praxisbezug herzustellen. Auch wird direkt nach Prüfungsende ein Ergebnis ermittelt.

Besonders hervorzuheben ist die Tatsache, dass die Ergebnisse aller Prüfungen in ein zentrales System fließen und einer Expertengruppe innerhalb des Vereins Tierärztliche Arbeitsgemeinschaft Hundehaltung TAG-H e.V. wertvolle Kenndaten liefert. Das gesamte Prüfungssystem beschreibt somit einen bislang nie dagewesenen dynamischen Prüfungskreislauf:

- Erstellen und Weiterentwickeln von Fragen
- Planung und Durchführung von Prüfungen
- Auswerten und Analysieren von Ergebnissen
- Interpretation signifikanter Kennwerte

- Erstellen und Weiterentwickeln von Fragen
- ...

Üblicherweise dient eine Prüfung dazu, den Wissensstand eines Prüflings zu beurteilen. Gänzlich neue Betrachtungsmöglichkeiten ergeben sich jedoch bei einer globalen Sichtung aller Prüfungen und deren sogenannter psychometrischer Daten, beispielsweise auf der Ebene der einzelnen Abschnitte, den einzelnen Fragen und den Distraktoren (das sind die falschen Antwortalternativen).

»Woran könnte es liegen, dass das Sachgebiet XY am unteren Ende des Rankings erscheint« und »Woran liegt es, dass die durchschnittliche Beantwortungszeit von Frage xy bei sieben Minuten liegt« sind nur einige Beispiele dafür, womit sich eine Expertengruppe befasst.

Diese gänzlich neue Interaktion zwischen Prüfungserstellern und den Prüflingen ist letztendlich auch der Motor dafür, die Sachkunde bei Hundebesitzern stetig zu verbessern, um ein hundewürdiges Leben in einer menschlichen Umwelt sicherzustellen.

Auch wenn es nie einen absoluten Schutz vor unverbesserlichen und verantwortungslosen Menschen geben wird bleibt zu hoffen, dass wir als sachkundige Menschen mit unseren Hunden immer gern gesehen werden.

Ich wünsche Ihnen viel Erfolg und Spaß bei den Vorbereitungen!

Daniel Chao
Data-Parc

# D.O.Q-Test 2.0 auf einen Blick

## Was ist D.O.Q.-Test 2.0?

D.O.Q.-Test 2.0 ist eine freiwillige Sachkundeprüfung über den Umgang mit Hunden und richtet sich an Hundehalter und Hundeinteressierte. Die Durchführung von D.O.Q.-Test 2.0 ist bundesweit einheitlich geregelt und besteht aus einem theoretischen und einem praktischen Prüfungsteil.

Die theoretische Prüfung kann wahlweise als computergestützte oder als klassische Papier-und-Bleistift-Prüfung durchgeführt werden

## Wie funktioniert D.O.Q.-Test 2.0?

Die theoretische Prüfung umfasst 30 Multiple-Choice-Fragen aus insgesamt sieben Sachgebieten, zur Beantwortung stehen 45 Minuten zur Verfügung.

Der praktische Prüfungsteil über ca. 60 Minuten überprüft das sichere Führen des Hundes in der Öffentlichkeit ohne Belästigung oder Gefährdung Dritter. Die praktische Prüfung gilt für das jeweilige Hund-Halter-Team.

Den theoretischen Prüfungsteil können Sie prinzipiell in jeder Tierarztpraxis absolvieren, ebenso bei einer Hundeschule mit zertifiziertem Hundetrainer nach D.O.Q.-Test PRO. Folgende Personengruppen sind zur Abnahme des praktischen Prüfungsteils berechtigt:

• Fachtierärzte für Verhaltenskunde
• Tierärzte mit der Zusatzbezeichnung Verhaltenstherapie
• Tierärzte mit Zusatzqualifikationen, festgelegt durch die TAG-H e.V.
• Zertifizierte Hundetrainer nach D.O.Q.-Test PRO.

Eine detaillierte Liste der bereits registrierten Tierarztpraxen und Hundeschulen finden Sie unter www.doq-test.de/infos/testcenter.pdf. Sprechen Sie Ihre Tierarztpraxis oder Hundeschule doch einfach mal auf D.O.Q-Test 2.0 an, falls sie nicht gelistet ist

Bestehen Sie den Theorieteil D.O.Q.-Test 2.0, erhalten Sie ein Zertifikat mit einer eindeutigen ID-Nr. Durch Vorlage dieses Zertifikates können Sie innerhalb eines (empfohlenen) Zeitrahmens von 12 Monaten den praktische Teil antreten. Die hinter diesem Modell stehende Idee ist, dass angehende Hundehalter schon vor dem

Kauf des Welpen den Theorieteil ablegen können und dann als nächstes Ziel die praktische Prüfung in einem Jahr ansteuern können.

Ständig aktualisierte Informationen zur Durchführung des D.O.Q.-Tests 2.0, Tipps zur Vorbereitung auf den theoretischen und praktischen Teil sowie einen Videostream mit einem simulierten Prüfungsdurchlauf finden Sie unter www.doq-test.de.

# Hinweise zur Arbeit mit diesem Buch

Die Texte in diesem Buch decken alle Themen ab, die in der theoretischen Prüfung abgefragt werden. Es werden Ihnen keine Fragen gestellt, die Sie nach aufmerksamem Lesen der folgenden Seiten nicht beantworten könnten. Wir haben bewusst auf ausführliche Listen mit Übungsfragen verzichtet, weil wir erreichen möchten, dass die Leser im eigenen Interesse und dem ihrer Hunde nicht nur Antworten oder anzukreuzende Kästchen auswendig lernen, sondern sich mit dem Stoff wirklich beschäftigen und ihn verstehen.

Wir wünschen Ihnen viel Erfolg beim D.O.Q.-Test 2.0 und Ihnen und Ihrem Hund immer eine gute Zeit!

Dr. Pasquale Piturru

# Grundwissen zu Aufzucht, Lernverhalten und Haltung

Die in diesem Kapitel behandelten Themen decken Fragen aus folgenden Kategorien des D.O.Q.-Tests 2.0 ab:

Kat A – Welpenkauf und Aufzucht
Kat B – Lernverhalten
Kat E – Haltung, Pflege und Gesundheit

## Bevor ein Hund ins Haus kommt

Das Zusammenleben mit einem Hund verlangt eine gewisse Lebenseinstellung. Es ist mit Sicherheit eine wunderbare und erfreuliche Sache, setzt aber auch gewisse Kenntnisse seitens des Menschen über Bedarf und Bedürfnisse des Tieres, Gesetze und Pflichten, über die Haltung und Führung des Hundes und vieles mehr voraus. Das bedeutet: Ein Mensch, der einen Hund halten möchte, sollte schon allein aus Tierschutzgründen über eine gewisse Sachkunde verfügen.

Die meisten Personen, die noch nie mit einem Hund zusammengelebt haben, stellen sich dies viel zu einfach vor. Gewiss sind die Vorteile eines Zusammenlebens mit dem Hund wesentlich größer als die Nachteile, aber man sollte die Anschaffung eines Hundes auch nicht durch eine rosa-rote Brille betrachten. Können Sie sich wirklich vorstellen, was es bedeutet beziehungsweise was Sie erwartet?

Je nach Größe und Gewicht der jeweiligen Rasse kann ein Hund etwa acht bis sechzehn Jahre alt werden.

Dann stellen Sie sich vor, in den nächsten Jahren täglich mindestens drei Mal spazieren gehen zu müssen. Egal bei welchem Wetter, egal an welchem Tag. Bei einem Welpen in den ersten Wochen sogar womöglich mitten in der Nacht …

Stellen Sie sich vor, dass überall Hundehaare liegen und Sie deshalb fast täglich saubermachen werden …

Stellen Sie sich vor, dass Sie einen Teil Ihrer Freizeit Ihrem neuen Mitbewohner und seiner Erziehung widmen müssen …

Stellen Sie sich auch vor, dass das neue Familienmitglied hundegerechtes Futter und tierärztliche Betreuung benötigt …

Dass Sie in Zukunft von einem vierbeinigen Mitbewohner richtig auf Trab gehalten werden …

Gleichzeitig stellen Sie sich aber auch vor, dass Sie Dinge erleben werden, von denen jemand ohne Hund nur träumen kann.

Denken Sie daran, dass jemand, der einmal mit einem Hund zusammengelebt hat, fortan selten auf ein Leben ohne Hund verzichten kann.

Und schließlich: Stellen Sie sich vor, dass Ihr Leben sich so zum Positiven verändern kann, dass es nicht in Worten auszudrücken ist …

Das und vieles andere bedeutet es, mit einem Hund zusammenzuleben!

Es gibt verschiedene Umstände, unter denen man von einem Hund absehen sollte. Zum Beispiel dann, wenn das Tier aufgrund einer Berufstätigkeit mehr als sechs Stunden täglich allein sein müsste oder absehbar ist, dass sich Berufs- oder Lebenssituation ändern werden, sprich nicht sicher ist, ob die Hundehaltung dann noch möglich wäre. Ebenso wäre von der Anschaffung eines Hundes schon aus tierschutzrelevanten Gründen dann abzuraten, wenn eine ausgeprägte Hundehaarallergie vorhanden ist.

Das heißt: Die Anschaffung eines Hundes ist eine tolle Sache, die aber sehr gründlich überlegt werden sollte.

## Das Tierschutzgesetz

Ein Wirbeltier, in unserem spezifischen Fall ein Hund, gilt in der Rechtsprechung nach § 90 a BGB nicht mehr als »Sache«, sondern als Kreatur, als Mitgeschöpf. Im Jahr 2002 wurde der neue Stellenwert des Tieres in § 20 a des Grundgesetzes mit folgenden Worten manifestiert:

Artikel 20 a
»Der Staat schützt auch in Verantwortung für die künftigen Generationen die natürlichen Lebensgrundlagen und die Tiere im Rahmen der verfassungsmäßigen Ordnung durch die Gesetzgebung und nach Maßgabe von Gesetz und Recht durch die vollziehende Gewalt und die Rechtsprechung.«

Das Tierschutzgesetz besagt unter anderem:

§ 1: »Zweck dieses Gesetzes ist es, aus der Verantwortung des Menschen für das Tier als Mitgeschöpf dessen Leben und Wohlbefinden zu schützen. …..« Wohlfühlen bedingt Gesundheit, Zufriedenheit wie die Erfüllung sozialer und ethologischer Bedürfnisse.

§ 2: »Wer ein Tier hält, betreut oder zu betreuen hat –

1. muss das Tier seiner Art und seinen Bedürfnissen entsprechend angemessen ernähren, pflegen und verhaltensgerecht unterbringen,
2. darf die Möglichkeit des Tieres zu artgemäßer Bewegung nicht so einschränken, dass ihm Schmerzen oder vermeidbare Leiden oder Schäden zugefügt werden,
3. muss über die für eine angemessene Ernährung, Pflege und verhaltensgerechte Unterbringung des Tieres erforderlichen Kenntnisse und Fähigkeiten verfügen.«

Weitergehende Informationen zum Tierschutzgesetz finden Sie im Kapitel »Hund und Recht«.

Die tierschutzgerechte Hundehaltung basiert auf fünf Aspekten:
1)  Ernährung
2)  Pflege
3)  Verhaltensgerechte Unterbringung
4)  Artgemäße Bewegung
5)  Qualifikation des Tierhalters

Um ein Tier halten zu dürfen, reicht das Eigentum am Tier allein nicht aus. § 2 des TierSchG spricht all jene Personen an, die auf ein Tier gezielt einwirken können: In der Regel sind das Tierhalter oder Tierbetreuer. Betreuer sind meist Familienangehörige oder Beauftragte des Halters. Entscheidend ist also nicht, ob einem das Tier auch gehört.

Die Haltung eines Hundes zeichnet sich durch das Verhältnis zwischen Tier und Mensch aus; man trifft selbstständig ohne Weisungen Entscheidungen für das Tier und soll ein eigenes Interesse an dessen Fürsorge haben.

§ 12 des TierSchG sieht ein Haltungsverbot für Menschen vor, die den Tieren nicht gerecht werden.

Und § 17 des TierSchG droht legitim: »Mit Freiheitsstrafen bis zu drei Jahren oder mit Geldstrafe wird bestraft, wer (...) (...) einem Wirbeltier (...) länger anhaltende oder sich wiederholende erhebliche Schmerzen oder Leiden zufügt.«

## Wie findet man den richtigen Hund?

Vor der Anschaffung eines Hundes sollten verschiedene Fragen wie beispielsweise: »Ist meine Art der Hundehaltung erlaubt?« (siehe Kapitel: Hund und Recht), oder »Passt der ausgesuchte Hund von seiner Rasseveranlagung her tatsächlich auch längerfristig zu den Lebensumständen und zu dem Lebensstil?«, oder »Habe ich die Möglichkeit, den Hund 12 - 15 Jahre lang sicher zu behalten und zu versorgen?«, und so weiter geklärt werden.

Ob man mit einem Rassehund oder einem Mischling zusammenleben möchte, hängt von vielen subjektiven Gründen ab. Mit Sicherheit kann man nicht pauschalisieren und sagen, dass Mischlinge intelligenter und robuster als Rassehunde sind.

Jungtiere erben ihre Eigenschaften immer von Vater und Mutter sowie deren Vorfahren. Ein Mischlingshund kann, wenn er Pech hat, gesundheitliche Probleme seitens des Vaters und der Mutter erben. Eine nicht-blaublütige Abstammung macht eine gewisse Robustheit eventuell etwas wahrscheinlicher, sie garantiert sie jedoch nicht.

Ganz sicher ist dagegen eines: Mischlinge sind einmalig! Und außerdem das reinste Überraschungspaket: Niemand weiß ganz genau, was aus dem Welpen einmal werden wird. Allein dadurch haben sie für manche Menschen einen ganz besonderen Reiz. Charme haben viele von ihnen außerdem, und nicht nur das: So mancher Mischling ist ein wahrer Prachtkerl und eine richtige Hundeschönheit!

Und die Rassehunde? Sind sie nicht auch etwas Besonderes? Natürlich ja! Jede Rasse hat etwas und jeder Mensch findet in einer bestimmten Rasse etwas Besonderes, selbstverständlich etwas, das in anderen Rassen fehlt. Es ist eben Geschmacksache. Je nach Rasse weisen die Hunde unterschiedliche Veranlagungen auf. Eins sollte man dabei nie vergessen: Jeder Hund ist ein Unikat, mit seinen Vor- und Nachteilen. Man sollte den Hund kaufen, der am besten zur Person / Familie passt, egal ob Rasse- oder Mischlingstier. Es darf nie alles auf die Rasse reduziert werden.

Aber wie sind die Hunderassen entstanden? Wieso unterscheiden sie sich von dem Urvater, dem Wolf? Wie und wann fing alles an? Ganz einfach: Nach der Domestikation der Hunde begannen die Menschen, diese nach besonderen Merkmalen zu selektieren. Die Besten aus unterschiedlichen Bereichen – nach der Begabung zu Jagd, Arbeit, Feldkämpfen in Kriegen, Wachsamkeit oder einfach die Schönsten – wurden ausgewählt und untereinander gekreuzt. Leider wurde der Wert der Hunde dabei nur von den Menschen beurteilt. Es entstanden die ersten Hunderassen. Die Phase der Hundezucht, die sich vorwiegend auf das äußere Erscheinungsbild des Hundes konzentrierte, begann erst im 19. Jahrhundert. Hierbei schlichen sich die ersten gravierenden Fehler ein, denn bei der Schaffung der Hunderassen wurden viele Kriterien übersehen. In der Tat ist es wissenschaftlich bewiesen, dass bei der Auswahl auf ein bestimmtes Merkmal auch viele andere mit verändert werden können. Demnach entstanden durch Züchtungen art- und rassetypische Verhaltenseigenschaften.

Häufig sind diese Verhaltenseigenschaften »selbstbelohnend«. Das bedeutet: die Hunde brauchen kein spezielles Lob, um ein rassetypisches Verhalten zu zeigen. Das Verhaltensmuster in den Tieren motiviert diese so sehr, dass es die tollste Belohnung ersetzt. Diese rassetypischen Eigenschaften sind durch späteres Lernen und Konditionieren nur schwer zu beeinflussen. Sie können deshalb ein Riesenvorteil sein, weil manche Hunde für bestimmte Aufgaben wie das Jagen oder Schafehüten unheimlich begabt sind, aber auch große Probleme bei der Erziehung bereiten.

Aufgrund der einstigen gezielten Hundepaarung für ehemals wichtige, spezielle Verwendungszwecke sind in den Tieren auch heute noch selbstbelohnende Verhaltensweisen erhalten. Deshalb ist es sehr wichtig, zu wissen, für welche Zwecke die Hunde eigentlich einst gezüchtet wurden. Solche wichtige Informationen erhalten Sie detailliert bei Fachtierärzten für Verhaltenskunde, bei Tierärzten mit der Zusatzbezeichnung Verhaltenstherapie, bei zertifizierten Hundetrainern oder in guter Fachliteratur.

## Wahl des Züchters

Sie haben sich für eine bestimmte Rasse oder für einen bestimmten Hund entschieden. Ihr Traumhund entspricht und erfüllt alle Ihre Vorstellungen … Aber, woher bekommen Sie nun den Welpen? Wie finden Sie einen guten Züchter? Und wie erkennen Sie einen »guten Züchter« und unterscheiden ihn von einem Vermehrer oder Hundehändler?

Nun, er betreibt die Hundezucht aus Liebhaberei und nicht als Erwerbsquelle. Die Mutterhündin ist bei den Welpen zu besichtigen und sollte einen ausgeglichenen Eindruck machen. Ebenso sollten die Welpen kontaktfreudig und nicht ängstlich oder aggressiv sein. Die Hunde weichen dem Züchter und den Besuchern nicht aus und leben normalerweise mit der Familie im Haus und Garten. Es ist nur ein Wurf vorhanden. Der gute Züchter hat Zeit und Geduld, seine Welpen schon frühzeitig mit den verschiedensten Umweltreizen bekannt zu machen. Er ist nicht pikiert, wenn Sie sich alles ansehen möchten … eher im Gegenteil! Er züchtet in der Regel nur eine einzige Rasse. Oft leben auch ehemalige Zuchthündinnen, die in Rente sind, mit im Haushalt, was Ihnen die Möglichkeit gibt, auch einen Senior Ihrer Hunderasse kennenzulernen. Alle Hunde des Züchters sind regelmäßig entwurmt und entsprechend ihres Alters geimpft. Die Hunde sollten in einer solchen Familienaufzucht Kontakt zu Kindern und auch Tieren außerhalb ihrer Art, wie zum Beispiel Katzen, haben. Es sollten viele alltägliche Eindrücke für den Welpen zugänglich sein, das Laufen auf verschiedenen Untergründen, Konfrontation mit Geräuschen wie Staubsauger, Küchenmaschinen, Radio und so weiter. Vergessen Sie nie, dass man die Lernfähigkeit des Hundes durch gute Aufzuchtsbedingungen fördern kann.

Ein guter Züchter wird im Gegenzug auch Sie sehr genau und kritisch in Augenschein nehmen. Lassen Sie sich davon nicht irritieren, denn schließlich muss er wissen, wem er seinen Welpen anvertraut. Andererseits zeigt er sich durch Ihre kritischen Fragen auch nicht beleidigt, ganz im Gegenteil. Er ist froh, keinen Unbedarften vor sich zu sehen, sondern einen informierten, engagierten Menschen, an den er getrost eines seiner geliebten Tierchen abgeben kann. Manche Züchter schlagen auch spätere Welpentreffen vor.

Es gibt auf diesem Sektor leider sehr viel unseriöse Geschäftemacherei.

Laut Gesetz kann bei uns in Deutschland jeder mit Welpen, fast wie mit einem x-beliebigen Produkt, Handel treiben. Die Voraussetzungen dafür sind lediglich ein Gewerbeschein, ein Sachkundenachweis nach § 11 des Tierschutzgesetzes und akzeptable Räumlichkeiten. Mit diesen juristischen Fakten müssen wir zurzeit noch leben.

Besagte Herrschaften betreiben das Geschäft häufig richtig professionell und im großen Stil. Sie verfügen oftmals über eine gut geführte Anlage, die zum Vorzeigen dient und eine seriöse Zucht vortäuschen soll. Ein sauberer Zwinger mit sogar mehreren gut gepflegten Hündinnen im Garten oder sogar die Hündinnen mit im Haus. Bloß, dass diese nicht notwendigerweise die Mütter der Welpen sein müssen und häufig niemand weiß, woher diese stammen. Sie werden irgendwo, vielleicht im Ausland oder beim Hundegroßhändler, billig eingekauft. Sie sind unter dubiosen Umständen erzeugt worden und haben vielleicht einen langen Transport hinter sich. Dass sie meistens verwurmt sind, ungenügend oder gar nicht geimpft oder sogar krank, überrascht vor diesem Hintergrund nicht. Oftmals wirken die Welpen am Tag des Kaufes noch putzmunter und werden innerhalb der ersten Woche bei dem neuen Besitzer offensichtlich krank. Dies erklärt sich dadurch, dass das Immunsystem mit der zusätzlichen Belastung durch den erneuten Umgebungswechsel häufig nicht klarkommt und dieses der Tropfen ist, der das Fass zum Überlaufen bringt.

Für einen Laien ist es oft sehr schwierig, einer solchen Täuschung nicht zu erliegen, zumal ein Hundehändler viel Mühe darauf verwendet, den Schein zu wahren. Schauen Sie sich bitte die Hündin, die Sie als Mutter präsentiert bekommen, genau an. Ist da überhaupt so etwas wie ein Gesäuge? Benimmt sie sich den Kleinen gegenüber wie eine Mutter? Oder ist sie am Ende eine dieser Vorzeigehündinnen, die auf wundersame Weise alle paar Wochen einen neuen Wurf Welpen »ihr eigen« nennen? Wenn das Muttertier gar »momentan verhindert« ist (»Der Schwager geht gerade mit ihr spazieren. Sie werden vor vier Stunden nicht wieder da sein. Aber wenn Sie warten möchten ...«), dann lassen Sie es lieber und orientieren Sie sich woanders. Nehmen Sie sich Zeit, um die Zuchtumgebung auf sich wirken zu lassen und einen Welpen auszuwählen, schließlich wird die Entscheidung, die Sie hier zu treffen haben, Ihr Familienleben eventuell für die nächsten fünfzehn Jahre beeinflussen. Jeder seriöse Züchter wird Ihnen hier beipflichten und nicht versuchen, Sie möglichst schnell zu einem Kauf zu drängen.

Vielleicht erscheinen Ihnen diese Warnungen übertrieben. Ich persönlich und viele andere Fachkollegen haben jedoch die Erfahrung gemacht, dass Hundehändler und -vermehrer vor nichts zurückschrecken. Und dass die intelligentesten Menschen eine verblüffende Naivität an den Tag legen und auf die plumpesten Tricks hereinfallen, wenn sie einen Wurf Welpen vor sich haben. Dieser Umstand ist natürlich gerade das, worauf dieses ganze miese Gewerbe setzt, um die Verkaufszahlen zu steigern.

Papier ist geduldig. Sogar Ahnentafeln und Impfpässe sind es mitunter. Es gibt

Impfpässe mit Stempeln darin, die lediglich bedeuten, dass der Welpe eine kleine, billige Teilimpfung erhalten hat und in Wahrheit sämtlichen Hundekrankheiten gegenüber so gut wie schutzlos dasteht. Kaum ein Laie hat eine Chance zu erkennen, was der Stempel in solch einem Impfpass bedeutet oder auch gerade nicht bedeutet.

Mit den Ahnentafeln ist es auch so eine Sache. Es gibt wunderhübsche, sehr offiziell aussehende Papiere von angeblichen Züchtervereinen, die in Wirklichkeit nur Briefkastenfirmen sind. Um Missverständnissen vorzubeugen: Es gibt traumhafte Hunde, die nie Papiere besaßen. Aber es gibt auch viele geschundene, kranke, schlecht gezogene Tiere, deren »Ahnentafeln« solider aussehen als die eines englischen Landadeligen und dennoch nicht das Papier wert sind, auf das sie gedruckt wurden.

Dann gibt es noch die verschiedenen erb- und auch aufzuchtbedingten Krankheiten wie verschiedene Missbildungen, Gebissfehler, Nabelbrüche, Gelenkprobleme etc., die Ihnen als zukünftigem Besitzer zumindest bekannt sein sollten. Schließlich ist es Ihr gutes Recht, selbst zu entscheiden, ob Sie ein solches Tier mit all den Problemen, Sorgen und Kosten, die damit unter Umständen auf Sie zukommen können, auch wirklich haben wollen. Sie können diese Defekte als Laie nicht gut feststellen. Und nicht jeder Züchter wird sie Ihnen auf die Nase binden.

Bevor Sie einen Hund kaufen, lassen Sie sich von einem zertifizierten Hundetrainer oder von Ihrem Tierarzt beraten.

Auf diese Weise werden Sie Ihren Züchter finden, einen Menschen, der Ihren Welpen mit Sorgfalt, Kompetenz und Liebe aufgezogen, medizinisch versorgt, sozialisiert, geliebt, verwöhnt und betüddelt hat … Der ihn nicht als einen Handelsartikel, gewissermaßen als Ware, sondern als das angesehen hat, was er ist: Ein wunderbares, schutz- und liebebedürftiges kleines Lebewesen.

## Läufigkeit, Paarung und Trächtigkeit der Hündin

Wichtig zu wissen ist, dass Hündinnen meistens zweimal im Jahr, seltener einmal oder auch dreimal läufig werden. Nur dann sind sie bereit, sich zu vermehren. Sollten Sie mit einer läufigen Hündin spazieren gehen, müssen Sie daran denken, dass manche Hündinnen während der Läufigkeit anderen Hündinnen gegenüber aggressiver als sonst reagieren. Die Hündin setzt während der Läufigkeit häufig Harnmarkierungen ab. Man muss deshalb nicht zum Tierarzt gehen. Man sollte die Hündin während der gesamten Läufigkeit an der Leine führen. Als Hundebesitzer kann man eine Läufigkeit daran erkennen, dass die Vulva bzw. Scheide der Hündin vergrößert ist und sie zeitweise aus der Scheide Blut oder Schleim absondert, was die Hündin besonders attraktiv für Rüden macht. Sollten Sie zwei Hunde beim unerwünschten Deckakt in der Phase des »Hängens« ertappen, dürfen Sie die Tiere auf keinen Fall trennen, da sie sich schwer an den Geschlechtsorganen verletzen können. Sie müssen die gesamte Dauer des Deckaktes, also auch die Zeit des »Hängens« abwarten, denn momentan können Sie nichts mehr tun. Danach sollten Sie möglichst sofort mit dem Tierarzt über bestehende Möglichkeiten sprechen. Wenn Sie einen Rüden und eine Hündin zusammen halten und nicht züchten möchten, muss der Rüde während der Zeit der Läufigkeit räumlich von der Hündin getrennt werden. Sie können aber auch die Läufigkeit medikamentös verhindern oder Sie lassen eines oder am besten beide Tiere kastrieren. Denn auch, wenn die Läufigkeit der Hündin ohne einen Deckakt verläuft, kann es passieren, dass sie etwa 4 bis 9 Wochen danach eine Scheinträchtigkeit entwickelt. Hier verhält sich die Hündin genau so, als ob sie tatsächlich trächtig wäre und später sogar Welpen hätte. Die typischen Symptome einer Scheinträchtigkeit sind: das Anschwellen des Gesäuges sowie Milchausfluss, die Lustlosigkeit und gelegentlich eine starke Tendenz zu gereiztem oder aggressivem Verhalten, das Herumtragen und Behüten von Spielzeug. Die Trächtigkeit dauert etwa 63 Tage.

## Die Entwicklungsphasen der Welpen

Aber was passiert genau bei den Welpen, in der Zeit, in der sie sich bei dem Züchter befinden?

Sobald die Welpen beim Züchter auf die Welt kommen, beginnen sie sich rasant zu entwickeln. Nach der Geburt wird die Zeit des Heranwachsens der Welpen in »Phasen« unterteilt.

Vom Geburtstag bis zum 14. Lebenstag befinden sich die Hunde in der sogenannten Neugeborenen- oder »neonatalen Phase«. In dieser Phase sind die Welpen kleine schlafende Fressmaschinen, denn Leben besteht in dieser Zeit ausschließlich aus Ruhe und Fütterung. Sie sind vollkommen auf ihre Mutter angewiesen, die sie wärmt, füttert und ihnen ermöglicht, Kot und Urin auszuscheiden. In den ersten sieben bis zehn Tagen können die Welpen weder hören noch sehen. Auch ihr Geruchssinn ist noch wenig entwickelt und taugt nur für kurze Distanzen. Sie können aber bei Hunger und Kälte schon leise »winseln« oder laut »fiepen«, damit das Muttertier zu ihnen kommt. Ebenso können sie im Kreis kriechen und mit dem Kopf wackeln. Suchpendeln wird das genannt. Das ist wichtig, um die Zitzen an der Mutter finden zu können.

Zwischen dem 15. und 21. Lebenstag befinden sich die Welpen in der Übergangs- oder »transitionalen Phase«. In diesem Abschnitt machen sie schon riesige Fortschritte, um unabhängiger zu werden. Die Tiere können mit ihrer Stimme gezielter und besser umgehen. Sie sind nicht mehr von der Hilfe der Mutter abhängig, um ihre kleinen und großen Geschäfte zu erledigen. Bereits jetzt prägen sie sich gut ein, auf welchem Untergrund solche Geschäfte erledigt werden! Sie beginnen, rückwärts zu kriechen und mit der Rute zu wedeln. Am Ende dieser Phase können sie schon ganz gut laufen. Und sie fangen an, das Nest zu verlassen. Die Welpen beginnen auch bereits, auf Menschen und andere Tierarten in näherer Umgebung zu reagieren.

Die Zeit zwischen der dritten und achtzehnten Lebenswoche ist die entscheidende Lebensphase für die Hunde, was das Lernen und die Vorbereitung auf Später angeht. Diese Phase wird »sensible Phase« genannt. Die Dauer dieser Phase kann je nach Rasse und Hund etwas variieren. Die hier genannten Zeiten sind nur Faustzahlen, die für die meisten Hunde zutreffen.

Hunde werden bis zum Abschluss des 3. bis 4. Lebensmonats als »Welpen« bezeichnet.

Die Wochen 3 bis 18 beinhalten eine prägungsähnliche Phase, in der die Welpen eine schnelle Entwicklung sozialer Verhaltensmuster durchlaufen und lernen, diese »richtig« zu kombinieren. In dieser sensiblen Phase vollziehen sich »Sozialisation« und »Habituation«: Sozialisation ist das Kennenlernen des Umgangs mit Artgenossen und anderen Lebewesen sowie der Umwelt mit dem Sozialpartner. Habituation meint die Gewöhnung an die unbelebte Umwelt, also an Geräusche oder an den Anblick von Dingen. In dieser Zeit »prägen« sich die Hunde auf verschiedene Artgenossen, auf Menschen, auf verschiedene Tierarten und auf verschiedene unbelebte Objekte und Situationen. Der Hund sollte während der sensiblen Phase möglichst viele verschiedene Kontaktmöglichkeiten haben.

Dabei darf nicht vergessen werden, dass es einen generellen Welpenschutz nicht gibt. Welpenschutz ist ein häufig benutzter Begriff, der besagt, dass Welpen angeblich bei älteren Hunden eine weitreichende »Narrenfreiheit« haben, von ihnen nicht angegangen und nicht verletzt werden. Für die meisten Menschen stellt sich diese Zurückhaltung häufig als Form besonderer Toleranz dar. Eine erhöhte Toleranz genießen Welpen aber nur in ihrem eigenen Rudel oder bei besonders toleranten und an Welpen gewöhnten Hunden; eine generelle »Beißhemmung« zum Schutz von Welpen kann nicht von jedem Hund erwartet werden.

In dieser Zeit lernen die Hunde das Wichtigste, um mit den Menschen und in deren Welt überhaupt gut leben zu können. Die Welpen lernen, sich darauf einzustellen und sich anzupassen. Das Muttertier entfernt sich nun schon öfter schrittweise von den Welpen, und die Kleinen beginnen, sich in Gruppen zu bewegen. Ab und zu werden schon die ersten sexuellen Verhaltensweisen und Gruppenangriffe auf einzelne Tiere geübt. Das geschieht zumeist im Spiel, da können die Welpen ohne negative Folgen ganz entspannt lernen. Sie können beim Schlafen nun ihre Blase kontrollieren und anhalten; sie müssen dafür aber umso häufiger, während sie wach sind. Ab der 9. Lebenswoche suchen sie zum »Pipi-Machen« regelmäßig bestimmte Stellen auf. In dieser Zeit und ganz genau ab der 8. Lebenswoche darf ein Welpe abgeholt und in sein neues Zuhause gebracht werden.

Die Beißhemmung ist nicht angeboren, sie muss den Welpen in dieser Phase beigebracht werden. Eine Möglichkeit dafür ist, das Spiel unverzüglich zu unterbrechen, sobald der Hund dabei zubeißt. Genauso müssen die Welpen die Körperpflege lernen und auch, dass ihr Körper von Menschen angefasst werden darf. Die Sauberkeitserziehung muss in dieser Phase durchgeführt werden. Gehen Sie mit dem Welpen sobald er aufwacht oder nach jedem Spiel nach draußen.

Jede Kreatur hat in der besonders intensiven und zeitlich begrenzten Phase des »prägungsähnlichen Lernens« in seinem Gehirn »Lernfenster«: Die Hunde lernen in diesen Zeiten ohne Motivation, das heißt, ohne belohnt werden zu müssen – das Lernen ist Selbstzweck, macht Spaß und kostet keine Anstrengung. Hunde, die als Welpen in positiver Weise ausreichend viele Reizsituationen erleben konnten, sind später selbstsicherer. Ausreichende Erfahrungen im Welpenalter sind für eine optimale Entwicklung des Gehirns ausschlaggebend, denn je mehr Reize der Welpe kennenlernt, desto mehr Verknüpfungen der Nervenbahnen werden in seinem Gehirn angelegt.

Trotzdem muss man auch darauf achten, dass eine »Überstimulation« durch zu viele oder negative Reize möglich ist. Weiterhin kann ein einmaliges negatives Erlebnis den Hund nachhaltig beeinflussen, vor allem wenn dieses sehr beeindruckend gewesen ist oder das Tier sich in dieser sensiblen Phase befunden hat. Je mehr Lebensfacetten den Tieren in der prägungsähnlichen Phase zukommen, desto unproblematischer finden sie sich später in der Welt der Menschen zurecht. In dieser Phase legen die Hunde ein Muster an, nach dem sie ihr gesamtes späteres Leben gestalten. Das bedeutet, dass die Hunde in dieser Zeit Erfahrungen sammeln, die ihnen im späteren Leben als Vergleichsmaßstab dienen. Eine in dieser Zeit mangelnde Sozialisierung hemmt die Entwicklung und die Reifung des Gehirns.

Bei wild lebenden Hunden werden die Welpen mit vier bis fünf Wochen dem Rudel vorgestellt. So wechseln ständig neue Sozialkontakte mit Phasen der Absonderung, in denen einzelne Welpen auch der Frustration des Alleinseins ausgesetzt sind, bevor sie in das Rudel eingegliedert werden. Außerdem wechselt die Mutter zwischen der dritten und fünften Woche mit dem Wurf fünf- bis zehnmal »ihr Nest«. So finden sich die Welpen ständig in einer neuen Umgebung wieder, die sie erforschen und in der sie neue Eindrücke sammeln können. So prägen sich Welpen das Sozialverhalten, die innerartliche Verständigung, ein. Und sie machen notwendige Erfahrungen für ihre weitere Lebensentwicklung. Durch die ausschließliche Aufzucht im Garten kann der Hund beispielsweise nicht genügend Erfahrungen mit Menschen und dem Leben in häuslicher Umgebung machen. Es kommt aber nicht nur darauf an, wo der Hund aufwächst, sondern wie viel ihm geboten wird. Bei einer Aufzucht im Garten muss sichergestellt sein, dass er dennoch ausreichend viele positive Kontakte mit Menschen, Umweltreizen und anderen Hunden hat.

Durch zu wenige Kontakte mit Menschen, verschiedenen Artgenossen und Tierarten und mit der Umwelt in dieser Phase entstehen nervöse, unsichere Hunde. Diese zeigen unangemessene Reaktionen, wenn eine Situation unbekannt ist. Eine mangelhafte Sozialisation und Habituation, beispielsweise durch isolierte oder extrem reizarme Aufzucht, nennt man »Deprivation«. Deprivationsschäden sind kaum oder gar nicht wieder gut zu machen, je nach dem Grad der Schädigung!

Die ersten Lebenswochen mit Sozialisation und Habituation sind also für das ganze Leben der Hunde extrem wichtig. Da die Welpen meistens erst ab der neunten Lebenswoche zur künftigen Menschenfamilie abgeholt werden, können sie zu dieser Zeit bereits Defizite haben, die ihre weitere Entwicklung stark beeinflussen. Verantwortungsvolle Züchter kümmern sich deshalb bereits ab der Wurfkiste aufmerksam und liebevoll um die Sozialisation der Welpen. Von solchen Züchtern wird oft unter anderem erbeten, dass die Welpen von den künftigen Besitzern regelmäßig schon ab der vierten, spätestens ab der fünften Lebenswoche besucht werden. So kann das intensive Lernen rechtzeitig stattfinden, und die plötzliche Trennung von der Mutter, den Geschwistern und von der bis dahin vertrauten Welt ist weniger traumatisch für die Welpen. Wenden Sie sich bitte nur an solche Züchter! Diese wissen auch, dass für Welpen im Alter von sechs bis sieben Wochen die Umwelterfahrung in der Sicherheit der Hundefamilie besonders wichtig ist. Ein Umsetzen in dieser Zeit darf nicht sein; es verursacht meist spätere Verhaltensstörungen. Die Welpen sollten im Allgemeinen acht Wochen bei der Mutterhündin bleiben.

## Die Übergabe des Welpen und die erste Zeit im neuen Heim

Trotzdem erlebt der Welpe bei der Übergabe an die neue Familie zunächst einen Schock! Die Mutter und die Geschwister fehlen, die gewohnte Umgebung wird vermisst und die bisher gemachten Erfahrungen gelten eventuell nicht mehr.

Die in diesen Phasen begonnene Gewöhnung an die belebte und unbelebte Umwelt muss in den folgenden Monaten nach dem Familienwechsel intensiv weiter geübt werden. Ein Hund lernt zwar lebenslang; doch was erst später erlernt wird, verlangt große Anstrengung. Ohne gelungene Sozialisations- und Habituationsphase in den ersten Lebenswochen ist das Lernvermögen eines Hundes für das ganze Leben stark vermindert. Alle angeborenen Eigenschaften müssen dennoch weiter geübt werden, um zur Vervollkommnung zu reifen. Bei den Hunden muss alles Lebenswichtige während der Sozialisation und Habituation erfahren und dann weiterhin trainiert werden.

Viele Probleme, die beim Zusammenleben mit Hunden entstehen, können durch eine adäquat durchgeführte sensible Phase vermieden werden.

Eines der größten »Probleme« für die meisten »neuen Hundebesitzer« wird durch die Treppe dargestellt. Oft will der neu gekaufte Welpe keine Treppen steigen. Aber was sollten Sie hier als guter Hundebesitzer tun? Vorerst sollten Sie den Welpen tragen und das auch je nach Tier zur Optimierung des körperlichen Wachstums. Wenn der Hund sich eingelebt hat, können Sie anfangen, das Treppensteigen zu üben. Hier müssen Sie versuchen, ihn beispielsweise mit Futterstückchen zu motivieren, einige wenige Stufen zu steigen.

Viele Hundebesitzer beschweren sich, dass der Hund ständig mit deren neuen

Schuhen spielen möchte. Sollten Sie dazugehören, bieten Sie dem Tier als Alternative ein Hundespielzeug an und räumen Sie Ihre Schuhe weg, bevor Sie unter Anleitung eines guten, zertifizierten Hundetrainers mit der allgemeinen Hundeerziehung beginnen.

Ein weiteres »Problem«, das sich vielen Hundebesitzern früher oder später stellt, ist die Fahrradtour. Für Fahrräder gibt es spezielle Befestigungssysteme zum kurzen Führen des Hundes. Dies empfiehlt sich zu nutzen. Noch wichtiger ist, dass der Hund dazu entsprechend trainiert sein sollte und die nötige Kondition hat. Achten Sie hier bitte auch darauf, dass Ihr Hund alt genug für diese körperliche Belastung ist, was je nach Rasse und Typ individuell unterschiedlich ist.

Das »Alleine zu Hause bleiben« muss von jedem Hund gelernt werden. Man sollte das Tier schrittweise an die Situation gewöhnen und im Idealfall mit dem Training für das Alleinbleiben schon in Welpentagen beginnen.

Wenn es sein muss, können Hunde auch mit anderen Tieren zusammenleben. Sollten Sie beispielsweise bereits eine Katze haben und möchten sich einen Hund dazu kaufen, wird das funktionieren? Eine pauschalisierte passende Antwort auf diese Frage zu geben ist unmöglich. Viele individuelle Faktoren spielen hier eine wichtige Rolle. Man kann aber allgemein sagen: Wenn Sie einen gut sozialisierten Hundewelpen kaufen, der auch schon Katzen kennengelernt hat, haben Sie gute Chancen auf ein harmonisches Zusammenleben.

## Der Hund wird erwachsen

Ab dem vierten Lebensmonat bis zum Eintritt der Geschlechtsreife befinden sich die Hunde in der »juvenilen Phase«. In dieser Zeit werden die Milchzähne ersetzt und bei männlichen Hunden setzt das Markierverhalten ein. Mit 16 bis 18 Wochen haben die Hunde häufig schon bis zu zwei Drittel ihres Endgewichts erreicht. Das Gruppenverhalten zeigt sich deutlicher. Spielerisch wird erstes Sexualverhalten gezeigt. Bei Rüden ist ein genauer Zeitpunkt der Geschlechtsreife nicht deutlich definiert. Bei Hündinnen setzt die Geschlechtsreife leicht erkennbar mit der ersten Läufigkeit ein.

Diese Zeit des Erwachsenwerdens wird von manchen Hundetrainern auch als »Flegelphase« oder »Pubertätsphase« bezeichnet. Ganz ähnlich wie pubertierende menschliche Jugendliche versuchen jetzt auch viele Hunde, ihre Grenzen neu auszutesten. Eine liebevolle, aber konsequente Führung, die Orientierung bietet, ist deshalb in dieser Zeit besonders wichtig.

Von der Geschlechtsreife bis zum zweiten oder dritten Lebensjahr befinden sich die Hunde in der Reifungsphase. Die soziale Reife erreichen die Hunde je nach Rasse und Individuum mit 1 ½ bis 3 ½ Jahren. Bis dahin durchleben die Tiere nicht nur die körperliche Reifung, sondern auch die Einordnung in ihre soziale Position. Im Alter von etwa acht Monaten bis zu einem Jahr kann es noch einmal eine Phase erhöhter Schreckhaftigkeit geben. Das Leben eines Erwachsenen ist vor allem gekennzeichnet durch die Fähigkeit, sexuell aktiv zu sein sowie die Geburt und Aufzucht eigener Welpen. Grundsätzlich finden Verhaltensänderungen und -anpassungen während des ganzen Lebens statt.

## Haltungsfragen

Es gibt mit Sicherheit viele Dinge, auf die man während der Aufzucht eines Hundes achten muss. Beispielsweise bewirkt eine häufige und lange Zwingerhaltung bei einem Welpen Defizite im Sozialverhalten gegenüber Menschen und Artgenossen. Sollte das erwachsene Tier ganzjährig in einem Hundezwinger untergebracht werden, müssen Sie unbedingt darauf achten, dass der Hund jeden Tag mindestens zwei Stunden Auslauf hat und eine der Größe des Hundes entsprechende, gut isolierte Hundehütte im Zwinger vorhanden ist. Außerdem braucht das Tier täglich Sozialkontakt zu seinen Bezugspersonen und/oder zu anderen Hunden. Der regelmäßige Kontakt zum Sozialpartner ist für den Hund sehr wichtig. Weiterhin muss er täglich ausreichend geistig und körperlich gefordert werden. Die Spaziergänge müssen lang und häufig sein. Das ist abhängig von Alter, Rasse, Größe, Kondition und Gesundheitszustand des Tieres.

Wasser muss in ausreichender Menge jederzeit zur Verfügung stehen und auch frei zugänglich sein. Der Zugang zum Wasser ist ein wichtiger Faktor für das Wohlbefinden des Hundes. Im Hochsommer beispielsweise sollte die Ausführzeit für Hunde gering gehalten werden, wenn unterwegs keine Möglichkeit der Wasseraufnahme besteht und die Tiere sollten auch nicht in parkenden Autos zurückgelassen werden. Überhaupt dürfen Hunde sowieso nur für kurze Zeit im Auto zurückgelassen werden und das auch nur, wenn es nicht zu warm oder zu kalt ist. Wichtig ist, dass ein Hund im gesicherten Heckraum eines Kombiwagens oder in einer Hundetransportbox im Auto transportiert werden sollte.

Es ist sehr wichtig mit einem Hund zu üben, dass er sich überall anfassen lässt. Körperkontakte stärken die Bindung, erleichtern die Pflegemaßnahmen und fördern das gegenseitige Vertrauen. Das kann auch nützlich sein, falls ein Besuch beim Tierarzt notwendig wird.

Vergessen Sie bitte in diesem Fall nicht, dass Sie jegliche Leistung beim Tierarzt aus eigener Tasche zahlen, es sei denn, Sie haben im Vorfeld eine Tierkrankenversicherung, eine OP-Versicherung oder Ähnliches abgeschlossen.

## Beim Tierarzt

Der Besuch beim Tierarzt ist für viele Hunde mit einem Übermaß an Stress verbunden. Fragen Sie deshalb Ihren Tierarzt, ob Ihr Hund schon als Welpe die Praxis spielend kennenlernen darf. Ein guter Tierarzt wird dem mit Sicherheit zustimmen. Üben Sie schon zuhause Manipulationen wie Zahn- oder Ohrkontrolle. Sollte sich das Tier schon als Welpe auf dem Behandlungstisch des Tierarztes mit aller Kraft gegen die Untersuchung wehren, versuchen Sie den Hund ungerührt festzuhalten und loben Sie ihn, wenn er sich wieder ruhig verhält. Der regelmäßige Besuch eines Tierarztes gehört zu einer bewussten und guten Hundehaltung. Der Hund sollte beispielsweise regelmäßig geimpft werden.

Weitere Informationen dazu und zu häufigen Erkrankungen finden Sie auf der S. 74.

Häufig wird von den neuen Hundebesitzern gefragt, ob das Einsetzen eines Mikrochips sinnvoll ist. Den Hund dadurch kennzeichnen zu lassen, ist nicht nur sinnvoll, weil es in bestimmten Bundesländern wie beispielsweise in Hamburg Vorschrift ist, sondern weil es die Möglichkeit der genauen Identifizierung eines Tieres darstellt. Außerdem ist das Implantieren eines Mikrochips weniger schmerzhaft als das Tätowieren, besonders bei den Welpen. Eine tabellarische Übersicht dazu, in welchen Bundesländern z. B. die Kennzeichnung mit Mikrochip vorgeschrieben ist, können Sie zu Ihrer Information auf der Internetseite www.doq-test.de einsehen.

Die Impfung und deren Notwendigkeit sowie Frequenz ist und bleibt eines der beliebten Themen unter Hundebesitzern. Die Krankheiten, gegen die Hunde überwiegend geimpft werden, sind: Tollwut, Parvovirose, Staupe, Leptospirose, Parainfluenza und Hepatitis. Nimmt man beispielsweise die Tollwut, ist auch leicht zu verstehen, warum regelmäßiges Impfen so wichtig ist. Tollwut ist eine Infektionskrankheit, mit der sich auch Menschen infizieren können. Wenn Speichel eines tollwuterkrankten Tieres in die Blutbahn kommt, zum Beispiel durch einen Biss, wird diese Krankheit übertragen. Die Tollwutimpfung ist bei Auslandsreisen Vorschrift. Die Impfung eines Hundes schützt nicht nur das Tier selbst, sondern auch die Menschen, die mit diesem Tier zu tun haben.

## Ernährung

Bei einem Gespräch mit dem Tierarzt kann ein Hundebesitzer auch verschiedene allgemeine Informationen über die Haltung von Hunden erwerben. Zum Thema Fütterung kann man unter anderem erfahren, dass ein Hund nur so viel zu fressen bekommen sollte, dass er eine schlanke Figur behält und weder zu- noch abnimmt. Sie müssen darauf achten, dass der Hund nicht zu dick wird. Empfehlenswert ist der Einsatz von altersgerechten Fertigfuttermitteln. Der Hund sollte normalerweise nur die vom Hersteller empfohlene Tagesration erhalten. Sollte das Tier ständig nach Futter betteln, bleiben Sie erst einmal bei der vom Hersteller empfohlenen Tagesration und ignorieren Sie das Betteln. Bitten Sie aber so schnell wie möglich Ihren Tierarzt, den Ernährungszustand zu beurteilen und zu prüfen, ob es eventuelle organische Ursachen für das Betteln gibt. Sie werden auch erfahren, dass Hunde weder feste Fressenszeiten noch einen festen Fütterungsort brauchen. Man kann das gesamte Futter in Form von Belohnungshäppchen verfüttern. Hunde sollten stets ein paar Übungen machen, bevor sie etwas zu fressen bekommen, denn »Leistung wird bezahlt«. Achten Sie aber besonders darauf, dass Ihr Hund am besten keine Knochen, aber vor allem keine Geflügelknochen frisst. Die Knochensplitter verursachen leicht Verletzungen im Verdauungsapparat. Außerdem können sich die Knochen zwischen den Zähnen verkeilen. Damit die Zähne des Hundes gesund bleiben, müssen diesem Möglichkeiten zum Kauen angeboten werden. Harte Hundekuchen oder speziell dafür hergestellte Kauknochen sind hier beispielsweise zweckmäßig. Die Zähne des Tieres müssen geputzt werden und man muss Anzeichen möglicher Probleme wie zum Beispiel Mundgeruch, Schmerzen, Appetitlosigkeit, Speicheln usw. sofort nachgehen.

## Ein Zweithund?

Wenn all diese Dinge beachtet werden, man aufmerksam ist, sachkundig wird und auf die Bedürfnisse des Tieres eingeht, ist das Zusammenleben mit einem Hund wirklich etwas Wunderbares! Viele Hundebesitzer sind deshalb so begeistert, dass sie sich, ohne weiter nachzudenken und zu überlegen, einfach einen zweiten Hund zulegen. Mehr als einen Hund zu halten hat sowohl Vor-als auch Nachteile. Zu den Vorteilen gehört, dass die Hunde immer einen Sozialpartner haben, besonders wenn man berufstätig und mehrere Stunden täglich außer Haus ist. Weiterhin führen die Hunde, wenn sie zu mehreren gehalten werden, ein artgerechtes Leben – vorausgesetzt, sie verstehen sich untereinander gut. Zu den Nachteilen gehört, dass der Hundebesitzer erheblich mehr Erziehungsarbeit leisten muss und doppelte Kosten für Futter, Tierarzt, Hundesteuer, Versicherungen, Ausstattung, usw. anfallen. Es ist noch wichtig anzumerken, dass Hunde sich zusammen schneller in unerwünschte Verhaltensweisen hineinsteigern können.

## Angstverhalten

Während der sensiblen, prägungsähnlichen Phase des Hundelebens, also der Sozialisation und Habituation, bildet sich ab der fünften Lebenswoche im Gehirn des Tieres ein Muster, mit dem später stets verglichen wird: Bekanntes lässt den Hund sorglos, Unbekanntes jedoch wird mit Unbehagen betrachtet, was sich zu Angst und Furcht entwickeln kann.

Angst ist eine angeborene innere sowie äußere Stressreaktion des Körpers auf Bedrohung. Die bewirkt eine Empfindungs-, meist auch Verhaltensänderung, die durch potenziellen oder bereits empfundenen Verlust oder Schmerz – etwa eine Strafe – hervorgerufen wird. Werden die Hunde bedroht, bewirkt ihre Angst ein Meideverhalten; sie dient somit dem Selbstschutz. Die Angst ist der wichtigste angeborene Schutzmechanismus. Sie ist ein elementares, überlebensnotwendiges Gefühl aller höheren Lebewesen. Angst ist eine adaptive Reaktion, die die Chance zu überleben erhöht. Hätte der Hund keine Angst, würde er beispielsweise auch gegen einen Grizzly-Bären antreten – und der übermächtige Bär würde den Hund fressen oder zumindest lebensgefährlich verletzen. Ohne Angst wäre der Hund nicht lebensfähig! Geräusche, natürliche Feinde, Gebiete ohne Deckung sowie Schmerzen sind die bedeutendsten, angeborenen Angstauslöser bei den Hunden.

Wir sprechen von Angst, wenn das Objekt des Unbehagens nicht bewusst ist oder wenn keine Möglichkeit besteht, die Gefahr abzuwenden. Angst bezeichnet also einen Zustand, der durch verfügbare Verhaltensprogramme nicht beseitigt werden kann, sei es durch mangelnde Reizidentifikation oder durch fehlende Verhaltensprogramme. Die Angst ist angeboren und instinktiv: Die Hunde müssen, um Angst zu empfinden, nicht erst negative Erfahrungen machen.

Furcht dagegen bedeutet, dass das Lebewesen Gefahrenmomente erkennt und auch Wege zur Abwehr sucht. Furcht ist nicht angeboren, sondern sie wird erlernt. Sie tritt nur in einer von uns zuvor als negativ erlebten Situation auf. Furcht ist immer durch Erfahrungen bedingt. Sie ist eine emotionale Reaktion eines Lebewesens auf ein anderes Lebewesen, ein Objekt oder eine bedrohliche Situation. Ein Hund kann bereits etwas fürchten, weil er damit schlechte Erfahrungen gemacht hat. Zum Beispiel: Ein bärtiger Mann schimpft immer mit einem Hund. Folglich wird dieser Hund mit großer Wahrscheinlichkeit Männer fürchten, besonders wenn sie einen Bart tragen.

Viele Faktoren beeinflussen das Angstverhalten eines Hundes. Eine wichtige Rolle spielt hier die genetische Komponente. Hütehunderassen neigen dazu, eine Geräuschphobie zu entwickeln; Hunde der Rassen Dobermann und Golden Retriever sind eher prädisponiert für eine Unterfunktion der Schilddrüse, die zu unerwarteten Reaktionen führen kann; Beagle reagieren in einer Konfliktsituation meist mit Erstarren, während Terrier in der gleichen Situation eher aggressiv reagieren.

Mangel an Erfahrungen, schlechte Erfahrungen oder vielmehr die Kombination aus den beiden Komponenten beeinflussen weiterhin das Angstverhalten. In diesem Fall liegt die Hauptursache in einer mangelhaften Sozialisation und Habituation sowie in der Entstehung von Deprivationsschäden. Andere Gründe sind in Erkrankungen verschiedenen Ursprungs zu suchen: Beispielsweise können Sehstörungen, Taubheit, vermindertes Riechvermögen sowie Schmerzen in jeglicher Form das Verhalten des Tieres bestimmen.

Nicht zuletzt muss unbedingt die Verstärkung durch den Besitzer erwähnt werden.

Wenn der Hund etwas fürchtet und der Hundehalter das Tier zu beruhigen versucht, fühlt sich der Hund in seinem Verhalten bestätigt und glaubt, dass die von ihm gezeigte Reaktion die richtige sei. Als Mensch sollte man nicht vergessen, dass die Natur keinen Trost kennt. Vor allem muss man aufpassen, die Tiere nicht zu vermenschlichen.

Sollte ein Hund Angst oder Furcht zeigen, ignorieren Sie es zuerst und wenden Sie sich bitte an Tierärzte für Verhaltenstherapie oder an durch die Tierärztekammer nach D.O.Q.-Test PRO zertifizierte Hundetrainer, die das Wissen haben, um dieses Problem individuell zu lösen.

Angstverhalten kann Stress auslösen. Es gibt viele Faktoren, die auf eine Stresssituation hinweisen. Einige Hinweise davon sind ganz einfach und werden deshalb von dem Tierbesitzer oft übersehen. Dazu gehören das Hecheln, das Gähnen und das »Sich kratzen«, was unter anderem auch auf Stress hindeuten kann.

## Aggressionsverhalten

Eine fehlerhafte oder unvollständige Ausbildung des Angstsystems und des Belohnungssystems im Gehirn führt zu einer mangelhaften Angsthemmung und zu übererregbaren Hunden, die als Folge eine übermäßige Aggression zeigen.

Aber was ist eigentlich Aggression? Aggression ist ein normales Verhalten. Wie Angst ist Aggression eine angeborene innere und äußere Reaktion des Körpers auf eine Bedrohung. Der Besitz von für das Leben erforderlichen Ressourcen muss gegenüber Konkurrenten behauptet und gegen Feinde verteidigt werden; dafür ist auch ein aggressives Verhalten erforderlich.

Man unterscheidet eine offensive und eine defensive Aggression, Näheres dazu finden Sie im Kapitel »Ausdrucksverhalten und Kommunikation«.

Die Aggression ist abhängig von den angeborenen Eigenschaften (Die Reizschwelle eines Hundes kann erhöht oder erniedrigt sein. In jeder Rasse gibt es Familien oder Linien mit einer erniedrigten Reizschwelle), von den Erfahrungen (Ein Hund, der mit aggressivem Verhalten erreicht was er will, wird dieses Verhalten wieder einsetzen), von dem körperlichen Zustand und von der speziellen Situation (Schmerzen jeder Art, Erkrankungen des Gehirns wie beispielsweise bei einer Tollwutinfektion oder einer tumorösen Veränderung, hormonelle Störungen wie beispielsweise bei Schilddrüsenproblemen oder bei Zyklusanomalien, sowie eine Frustration, sind mitverantwortlich für aggressives Verhalten. Weiterhin kann eine Steigerung vom Stress ein aggressives Verhalten auslösen).

Die Ursachen aggressiven Verhaltens sind vielfältig. Ein nicht ausreichend eingeübtes soziales Spiel, auch grobes Spiel genannt, stellt eine mögliche Ursache dar.

Die mütterliche Aggression äußert sich in dem Versuch des Muttertieres, die Welpen zu schützen. Diese Welpen können auch imaginär sein, das heißt durch Stofftiere oder andere Objekte dargestellt, was typisch bei Hündinnen während einer

Scheinträchtigkeit ist. Zu den hormonellen Ursachen für das Auftreten von aggressivem Verhalten zählen auch die Kämpfe zwischen Rüden, um eine läufige Hündin decken zu können oder Dysfunktionen des Organismus wie eine Schilddrüsenunterfunktion.

Weiterhin stellen Angst und Furcht eine mögliche Ursache dar. Negative Erfahrungen, Mangel an Erfahrungen sowie eine mangelhafte Sozialisation und Habituation begünstigen deren Auftreten.

Auch das Verteidigen oder das Erwerben von Ressourcen können Ursache für ein aggressives Verhalten sein. Ein typisches Beispiel ist das Territorium. Dem Besitzer ist häufig nicht bewusst, wie weitläufig das Territorium des Hundes tatsächlich ist. Viele Hunde verstehen unter ihrem eigenen Territorium das Haus, die gemeinsame Treppe eines Mehrfamilienhauses, den Garten, das Auto, das Gebiet, in dem das Tier üblicherweise spazieren geht, eine Parkbank, auf der der Besitzer während des Spazierganges für gewöhnlich kurz verweilt, ein Restaurant, in dem man häufig essen geht und Ähnliches. In extremen Fällen werden sogar Orte, an denen sich der Besitzer oder das Tier selber gerade befinden, auch wenn sie sich dort noch nie vorher aufgehalten haben und somit kein »Gewohnheitsrecht« besitzen, als Territorium empfunden.

Auch eine Rangdemonstration kann eine Ursache für das Auftreten aggressiven Verhaltens sein. In diesem Fall wird das Verhalten als »Status bezogen« bezeichnet. Es gibt Hunde, die sozial expansiver sind als andere, ranghöhere und rangniedrigere Tiere eben. Das wird auch durch die möglichen Rangordnungen nicht nur unter Haushunden, sondern auch bei Wölfen bewiesen. Durch Beziehungen unterschiedlicher Qualität kommt es zu abhängigen Rängen: In An- oder Abwesenheit bestimmter Tiere kann ein Individuum im Rang »auf-« oder »absteigen«.

Neben Rangverhalten können auch Schmerzzustände jeglicher Art zu aggressivem Verhalten führen, die meist durch Erkrankungen bedingt sind. Viele organische Erkrankungen beeinflussen das Aggressionsverhalten; auch normale Biorhythmen wie der Sexualzyklus nehmen immensen Einfluss.

Das »umgerichtete Aggressionsverhalten« stellt eine häufige Ursache dar. Was das ist, verdeutlicht ein Beispiel: Ein Hund begegnet einem stärkeren, doch unsympathischen Artgenossen. Er kann jedoch nicht mit ihm streiten, weil er unterliegen würde. Folglich lässt er dann seine Aggressivität an einem anderen Objekt aus, meist an einem anderen, rangniedrigeren Artgenossen. Das läuft so ab: Der »unschuldige« rangniedrigere Hund wird malträtiert, ohne zu wissen, warum. Er muss unwissentlich herhalten, weil der andere sich mit dem stärkeren nicht anzulegen traut.

Auch Frustration macht die Hunde angriffslustig. Frustration entsteht durch Diskrepanz zwischen Wollen und Nichtkönnen. Der Begriff stammt ab vom lateinischen »frustra« – vergeblich: Der Hund möchte etwas erreichen, was er nicht zu erreichen vermag. Je höher seine Erwartungshaltung, desto größer die Frustration. Und umso heftiger die potenzielle aggressive Reaktion.

Wissenschaftlich wurde bewiesen, dass die Aggression vielursächlich ist. Die Aggression muss als ständige Wechselwirkung von Umwelt und Erbgut verstanden werden. Leider wird Aggression kaum als das betrachtet, was sie ist: ein obligatorischer Teil des Sozialverhaltens, ein Regulativ für das Zusammenleben und Zusammenarbeiten, die Kooperation und das Streiten, die Kompetition.

Die Gesamtheit aller Verhaltensweisen, die mit kämpferischen Auseinandersetzungen zwischen Individuen im Zusammenhang stehen, wird als »Agonistisches Verhalten« bezeichnet.

Mehr zum Themenkomplex »Aggression« finden Sie im Kapitel »Kommunikation« auf S. 112.

## Was ist »Dominanz«?

Es gibt Hunde, die sich sozial expansiver als andere benehmen. Viele Menschen nennen einen extrem sozial expansiven Hund »dominant« oder »Alpha-Tier«. Das ist aber falsch! Solche Hunde befinden sich weit weg von der ranghöheren Position.

Dominanz ist keine Charaktereigenschaft, sondern eine Situationsbeschreibung. Dominanz bezeichnet eine Eigenschaft von Beziehungen und nicht von Individuen. Das Wort »Dominanz« beschreibt lediglich das Verhältnis zweier Lebewesen zueinander, aber nicht Wesen oder Charakter eines einzelnen Tieres. Dominanz ergibt sich aus dem Umgang zweier Individuen miteinander, nicht im Umgang mit einer Gruppe. Beide Tiere sammeln Informationen über die Stärken und Schwächen des anderen. Dominanz bezeichnet also eine Regelhaftigkeit in einer dyadischen Beziehung, das heißt in einer Beziehung zwischen jeweils zwei Tieren. Dominanz ist nicht angeboren, sie entwickelt sich bestimmten Tieren gegenüber – oder eben auch nicht. Sie ist immer abhängig von den Fähigkeiten oder Möglichkeiten des anderen Hundes. Jeder Hund kann sich demnach dominant verhalten und tut es dann auch, wenn das Gegenüber dies zulässt. Aus den Dominanzbeziehungen wird dann auf die Rangordnung oder Hierarchie rückgeschlossen. Es handelt sich dabei um die Gesamtheit aller Dominanzbeziehungen.

Mehr Informationen zu diesem spannenden Thema finden Sie im Kapitel »Kommunikation des Hundes« auf S. 107 f.

## Wichtige Verhaltensregeln für den Umgang mit dem Hund

Wenn wir mit unseren vierbeinigen Freunden problemlos zusammenleben möchten, müssen wir versuchen, mit den Hunden klare Verhältnisse zu schaffen. Man sollte soziale Aktivitäten beginnen und sie beenden, bevor der Hund die Lust verliert. Weiterhin muss man Spiele mit dem Hund fördern, die auch für Kinder geeignet sind, wie beispielsweise Ballspiele oder Fährtensuchspiele und Spiele ablehnen, die ungeeignet sind, wie zum Beispiel Zerren am Seil oder wilde Rauf- und Jagdspiele.

Es gibt auch eine Reihe von Verhaltensweisen, die für den Hund bedrohlich wirken können. Zu diesen gehören unter anderem, dem Tier direkt in die Augen zu schauen, den Hund beim Fressen zu stören oder sich plötzlich auf den schlafenden Hund zu legen. Trotzdem darf man auch bei ängstlichen Hunden einen Maulkorb anlegen, wenn es die Situation erfordert. Solange der Hund schrittweise daran gewöhnt wird, stellt er keine Belastung dar.

## Das Lernverhalten der Hunde

Hunde sind sehr lernfähige Tiere und können das ganze Leben lang lernen. Aber wie lernen Hunde überhaupt?

Die Hunde lernen, wie alle anderen Lebewesen, um ihren eigenen Zustand zu optimieren. Ein Lernen, um »anderen zu gefallen« oder »weil man den anderen so mag« ist von der Natur nicht vorgesehen. Das bedeutet, dass die Hunde nur etwas tun, wenn sie auch etwas davon haben. Demzufolge müssen sie also motiviert werden.

Die Motivation stellt den Anfang und den wichtigsten Aspekt der Hundeerziehung dar. Sie kann je nach Gelegenheit und je nach Individuum variieren. Motivation geht mit Belohnung einher: Sie müssen individuell für Ihren Hund eine Ultra-Belohnung herausfinden, die ihn stets und in jeder Situation mehr motiviert als alles andere!

Beispielsweise stellt Futter für den Hund kaum noch eine Motivation dar, wenn er sich gerade erst satt gefressen hat. Hat er dagegen einen gewissen Appetit, so wird er vieles tun, um an Futter zu kommen. Leckereien, Spielzeuge, Lob oder Aufmerksamkeit können der Motivation dienen.

Warum gehen Sie jeden Tag zur Arbeit? Weil Ihr »Chef« das sagt? Oder weil Sie am Monatsende dafür Gehalt bekommen? – Also: Auch wir Menschen machen ohne Motivation nichts. Und um ehrlich zu sein: Wenn wir etwas machen, wofür wir nicht bezahlt werden, so hoffen wir doch insgeheim, dass es sich irgendwie dennoch rentieren wird.

Hunde lernen am besten, indem sie Ereignisse oder Vorgänge assoziieren. Assoziation bedeutet, dass zwei Ereignisse, die gleichzeitig oder kurz nacheinander geschehen, im Gehirn miteinander in Verbindung gebracht werden.

Wenn eine Assoziation regelmäßig und häufig stattfindet, spricht man von »Konditionierung«. Das Gehirn eines Hundes verkoppelt nur, was innerhalb extrem kurzer Abstände nacheinander geschieht. Diese Abstände dürfen maximal zwischen einer und drei Sekunden betragen. Das sollte bei der Hundeerziehung unbedingt berücksichtigt werden!

Die beste Regel für die Hundeerziehung lautet: Wenn ein Hund etwas nach unseren Vorstellungen tut, muss die Motivation namens »Belohnung« dafür innerhalb einer Sekunde erfolgen. Sonst ist das Tier nicht mehr in der Lage, diese Belohnung mit seiner durchgeführten Handlung in Verbindung zu bringen. Natürlich nimmt der

Hund gern die Belohnung entgegen – aber er weiß nicht, wofür er gerade etwas Tolles bekommt! Die Belohnung dient dann nicht mehr als Motivation für die durchgeführte Handlung. Beispielsweise gehen Sie erst in die Küche, nachdem Ihr Hund etwas gut gemacht hat, wo der Hund seine Belohnung bekommt. Das dauert mit Sicherheit einige Sekunden. Der Hund kann deshalb diese »gute Handlung« nicht unbedingt auf Befehl wiederholen, weil er ja gar nicht verknüpft hat, wofür er etwas bekam. Er ist nur jedes Mal froh, wenn jemand in Richtung Küche marschiert, weil es dort Leckeres für ihn zu ergattern gibt!

Die meisten Probleme beim Lernen entstehen durch Fehlverknüpfungen. Fehlverknüpfungen entstehen, wenn ein Hund die von uns gegebene Belohnung und das Kommando mit einer von ihm durchgeführten Handlung in Verbindung bringt, die aber nicht die Handlung ist, die wir befohlen und belohnen wollten. Das bedeutet, dass der Hund unser Kommando und Belohnung mit einer anderen oft entgegengesetzten Handlung verknüpft, die nicht korrekt ist. Kleines Beispiel: Wir sagen »Komm« und der Hund läuft weg; währenddessen laufen wir ihm hinterher und sagen weiter »Komm«. Ergo, der Welpe verknüpft den Befehl »Komm« falsch weil er meint: »Wenn Frauchen oder Herrchen, »Komm« sagen, bedeutet das, ich muss weglaufen und sie versuchen mich zu fangen und das macht eine Menge Spaß«. Dieser Spaß stellt für das Tier die Belohnung dar. Um Fehlverknüpfungen zu vermeiden, sollte man mit den Hunden zuerst die von Ihnen erwünschte Handlung trainieren, ohne dabei ein Kommando zu benutzen. Das heißt: Bis ein Hund beispielsweise mit Bellen reagiert, müssen Sie sich etwas einfallen lassen, um das Tier zu diesem Verhalten zu bringen. Das kann von Ihnen immensen Einsatz und Einfallsreichtum erfordern. Erst wenn der Hund die gewünschte Handlung zeigt, sollten Sie zeitgleich ein Kommando wie »Gib Laut« benutzen und das Tier sofort belohnen. So können die Hunde Handlung, Kommando und Belohnung in Verbindung bringen. Ebenso können Sie einfach abwarten, bis der Hund selbst irgendetwas zum Bellen findet. Oder Sie provozieren das Bellen einfach mit dem Klingeln an der Haustür. Das funktioniert bei den Hunden fast immer. Nach einigen Wiederholungen werden die Hunde dann in der Lage sein, das Kommando mit der Belohnung und der Handlung »Bellen« zu assoziieren. Dann wird das Kommando allein ausreichen, ein Bellen zu provozieren.

Häufig benutzen wir auch Handzeichen, um die Hunde zu bestimmten Handlungen zu bringen. Sobald der Hund regelmäßig auf diese Zeichen mit der richtigen Handlung reagiert, kann man ein Kommando als Hörzeichen hinzufügen. Sie sollten dabei aber unbedingt auf die richtige Reihenfolge achten: Wenn Sie zuerst das Sichtzeichen geben und dann das Kommando, können die Hunde das Wort gar nicht mehr richtig wahrnehmen, da die Tiere sich bereits zu sehr auf das Handzeichen konzentrieren. So etwas nennt man dann »Überschattung«.

Geben Sie daher zuerst das Hörzeichen und unmittelbar danach, nur etwa eine zehntel Sekunde später, machen Sie dann die Handbewegung. Das für uns Primaten so typische, begleitende Gestikulieren kann für die Hunde beim Lernen ein Störfaktor sein. Die Hunde nehmen nicht nur die Hörzeichen, sondern auch unter anderem alle visuellen Umstände der Situation wahr.

## Intermittierende Belohnung

Wenn der Hund zum Beispiel einem extrem spannenden Ballspiel folgt, lässt er sich natürlich nicht von dem Gedanken an den stets gleichen, trockenen Keks davon abbringen – wäre doch ein echt schlechter Tausch, oder? Das gilt für alle möglichen Befehlsinstrumente, von der Stimme bis zum Handzeichen. Sorgen Sie bitte dafür, dass die Motivation, aus der der Hund gehorcht, für ihn immer interessant bleibt. Nachdem der Hund eine Handlung etwa einhundert Mal ohne Schwierigkeiten gezeigt hat, hat er in der Regel die Sache verstanden. Ab dann sollten Sie ihn nicht mehr so offensichtlich belohnen, sondern mehr und mehr nach dem Zufallsprinzip, auch »intermittierende Belohnung« genannt. Man sollte das Tier nun in variierenden Zeitintervallen belohnen. Der Hund bleibt dadurch stets in der Erwartung, belohnt zu werden und tut dafür weiterhin alles.

Ein Vergleich aus unserer Welt: Spielautomaten machen Menschen süchtig. Weil wir Gewinne erhoffen, obwohl wir oft keine bekommen. Na ja, Hauptsache, der Hund wird von Ihnen häufiger belohnt als wir von den Spielautomaten! Andernfalls wird die Frustration bei dem Hund irgendwann so groß, dass er möglicherweise das von Ihnen erwünschte Verhalten gar nicht mehr zeigen wird.

## Kontextspezifisch lernen

Hunde lernen normalerweise kontextspezifisch. Das bedeutet, dass die Tiere in diesem Moment alle Begebenheiten verknüpfen, die im selben Augenblick um sie herum geschehen. Das erklärt, warum sich viele Hundebesitzer blamieren, wenn ihr Liebling die in der Hundeschule gelernte Übung nicht vor der gesamten Verwandtschaft auf dem Parkplatz zeigen will. Wie oft hört man dann: »... Aber auf dem Hundeplatz kann er alles ... sogar viel besser als die anderen Hunde!« Tja, aber was kann der Hund dafür? Er hat die Übung nicht in dem Kontext »Verwandtschaft und Parkplatz«, sondern in dem der »Hundeschule« gelernt – also auf einem bestimmten Platz mit bestimmtem Untergrund, immer mit denselben Menschen, Artgenossen, Bäumen, Gegenständen und allem anderen, was ihm für diese Übung so relevant schien. Das Kommando »Platz und Bleib!« etwa hat für die Menschen überall die gleiche Bedeutung. Die Hunde jedoch können es nur an Orten verstehen und ausführen, an denen sie es gelernt und regelmäßig geübt haben. Ebenso hat das Hörzeichen »Sitz«, wenn es dem Hund im Kontext »Wohnzimmer« beigebracht wurde, im Kontext »Garten« zunächst für das Tier keine Bedeutung.

Dass die Hunde kontextspezifisch lernen, kann auch zu verschiedenen Erziehungsproblemen führen. Daher würde ich Ihnen raten: Üben Sie alles, was der Hund lernen soll, in verschiedenen Situationen und an unterschiedlichen Orten mit ihm! Das nennt man »generalisieren«.

## Kommandos richtig geben

Selbst wenn die Hunde ein Kommando schon gut kennen, kann es für sie wieder an Bedeutung verlieren, wenn wir es zu oft oder in einer besonderen Situation erfolglos benutzen. Das wird in der Lerntheorie dann »Lernen von Bedeutungslosigkeit« genannt.

Das beste Beispiel hierfür bietet Briciola. Briciola ist eine Cockermix-Hündin, die vom Welpenalter an bei jeder Gelegenheit mit anderen Hunden uneingeschränkt spielen durfte, solange sie es nur wollte. Da ihr Herrchen und Frauchen das toll fanden und sich nichts weiter dabei dachten, überließen sie die Hunde dabei immer sich selbst. Briciola lernte also von Anfang an, dass »anderer Hund« bedeutet: »Ich kann spielen, ich brauche nicht zu gehorchen und muss mich um Herrchen und Frauchen nicht weiter kümmern«. Als Briciola etwas älter war, wollten ihre Besitzer sie plötzlich einmal aus dem Spiel abrufen, weil sie es eilig hatten. Sie ärgerten sich, dass Briciola nun nicht reagierte, obwohl sie das Kommando »Komm« sonst gut beherrschte. Das Hörzeichen »Komm« hatte für Briciola im Spiel mit Artgenossen keinerlei Bedeutung. Und je öfter ihr Herrchen später erfolglos »Komm« schrie, umso mehr verlor dieses Hörzeichen an Wert.

Apropos Schreien: Man versteht wirklich nicht, warum einige Menschen so oft laut werden oder gar schreien, um den Hunden einen Befehl zu geben. Oft sind die Tiere nicht mehr als einen Meter von den Menschen entfernt – und die Hunde hören sehr gut. Für die Hunde ist es sogar normal, auf Geräusche zu achten, die aufgrund ihrer Frequenz für uns nicht einmal hörbar sind. Die Hunde können im Bruchteil einer Sekunde das leiseste Geräusch wahrnehmen und genau orten. Wenn die Hunde lernen, nur auf laute Kommandos zu reagieren, haben die gleichen Hörzeichen in leiser Form keine Bedeutung mehr für sie. Lernen die Hunde beispielsweise, sich auf ein geschrieenes »Platz« mit Brust und Bauch auf den Boden zu legen und nicht mehr zu bewegen, so werden wir sie nie aus einer gewissen Distanz dazu bringen.

Ein Beispiel: Ein Hund ist hundert Meter gegen die Windrichtung von uns entfernt. Wegen akuter Gefahr soll er sich plötzlich hinlegen. Wie laut wir nun auch »Platz!« schreien – das Hörzeichen kommt trotzdem nur sehr leise an. Da er in dem Kontext »Leise« dieses Kommando aber nicht kennt, bleibt es für ihn unbedeutend und er gehorcht nicht. Hätten wir mit ihm dieses Hörzeichen leise geübt, würde dies uns und ihm in dieser Situation sehr nützlich sein.

## Konsequent sein

Ein ganz wichtiger Aspekt der Hundeerziehung ist unsere Konsequenz. Häufig erschwert unsere Inkonsequenz die Hundeerziehung: Einmal muss der Hund etwa so lange im »Platz« liegen bleiben, bis sein Herrchen etwas anderes sagt. Beim nächsten Mal darf er aufstehen, ohne beachtet zu werden, weil sein Herrchen in ein Gespräch vertieft ist. Wieder ein anderes Mal ärgert sich sein Herrchen darüber, wenn er aus eigener Initiative aufsteht oder vom »Platz« ins »Sitz« geht und trotzdem lobt er ihn manchmal dafür. Oder wir wechseln zwischen verschiedenen Kommando-Begriffen wie »Leg dich« oder »Geh runter« obwohl wir »Platz« meinen. Wir Menschen wissen oft gar nicht, was wir den Hunden mit unserer inkonsequenten Art antun.

Wissen Sie eigentlich, dass jedes Ihrer Familienmitglieder ein anderes Bewegungsmuster für die gleiche Botschaft haben kann? Wie sollen die Hunde diese unterschiedlichen Bewegungen deuten? Herrchen streckt für »Sitz« die Hand genauso aus, wie Frauchen es für »Bleib« tut. Es ist für die Tiere sehr schwierig, aus unserem Eintopf von Signalen schlau zu werden.

Das verwirrt die Hunde und sie bauen Stress auf. Haben sie Stress, so werden im Körper Substanzen frei, die bei den Hunden zu einer »Denkblockade« führen. In diesem Zustand können die Tiere weder Neues lernen noch bereits erlerntes Verhalten abrufen. Viele Frauchen und Herrchen meinen dann, ihr Liebling sei einfach stur. Sie schreien ihren Hund an oder beschimpfen ihn. Das verstärkt den Stress des Hundes nur noch mehr – und schon entsteht ein Teufelskreis des Missverstehens. Leider sind es oft die willigsten und cleversten Hunde, die am meisten unter unserer Inkonsequenz zu leiden haben.

Also seien Sie bitte konsequent mit den Hunden! Aber sollte es dennoch einmal zu so einem Stresszustand kommen, haben Sie Geduld: Unterbrechen Sie zunächst jede Übung! Überdenken Sie, wo ein Fehler passiert sein könnte! Erst wenn der Hund wieder ganz entspannt ist, sollten Sie locker, aber trotzdem konsequent von vorne beginnen.

## Die Verstärkung

Die Belohnung ist Grundlage jeder Motivation und wird umgangssprachlich »positive Verstärkung« genannt. Durch die Belohnung steigt die momentane Stimmung: Sie löst bei den Hunden einen positiven emotionalen Zustand aus, etwa Freude. Aber wo es etwas Positives gibt, kann es auch etwas Negatives geben. Durch eine »Bestrafung« sinkt die momentane Stimmung. Es entsteht ein negativer emotionaler Zustand, etwa Angst.

## Das Strafen

Über Jahrhunderte wurden die Hunde durch das »Strafen« zu erziehen versucht. Den Tieren wurden gar Schmerzen zugefügt, um Ausbildungsziele zu erreichen. Leider sind diese mehr als fragwürdigen Erziehungsmethoden auch heute noch in vielen Hundevereinen und Hundeschulen üblich.

Die Anwendung von harten körperlichen Maßregelungen kann auch in einigen Fällen tatsächlich funktionieren – in den meisten allerdings nicht.

 Sollte es eventuell funktionieren, ist es nichtsdestotrotz tierschutzwidrig und handelt sich um eine kurzfristige und auf gar keinen Fall langfristige Lösung.

Das Strafen ist abhängig vom Timing, der Intensität und Konsequenz. Wenn denn überhaupt: Auch die Strafe muss während oder innerhalb einer Sekunde nach der Handlung erfolgen, damit die Hunde sie mit der von uns unerwünschten Handlung verknüpfen können. Sie muss so intensiv sein, dass sie stärker ist als die Motivation, eine von uns unerwünschte Handlung zu zeigen. Sie muss konsequent immer ausgeübt werden, sobald die Hunde die von uns unerwünschte Handlung zeigen. Andernfalls kann keine Verknüpfung zwischen Handlung und Strafe entstehen. Es kommt vielmehr, wie in den meisten Fällen, zu einer falschen Assoziation. Strafen kann daher sehr schädlich sein! Inkonsequentes und launisches Vorgehen bewirkt Vertrauensverlust beim Hund.

Wenn man von Strafen redet, denkt man als Mensch üblicherweise sofort an das Schlagen. Schlagen ist in dem Verhaltensprogramm des Hundes nicht vertreten. Schlagen ist eine Art der Bestrafung, die von dem Hund nicht nachvollzogen werden kann. Dadurch wird nur Unsicherheit und Angst vor dem Mensch anerzogen. Das Ganze kann sich dermaßen steigern, dass es sogar in einem Ernstkampf mit der Person endet.

Strafen können Nebenwirkungen haben. Eine Strafe kann von allen Hunden falsch verknüpft werden: Die Tiere bringen sie zum Beispiel mit anderen, zufällig anwesenden Personen, Geräuschen, Gerüchen oder Gegenständen in Verbindung. Eine Strafe löst immer Angst und somit Stress aus! Erinnern Sie sich an die schon besprochene Denkblockade im Gehirn? Die beeinträchtigt die Lernfähigkeit zum Negativen. Oft bleibt zum Beispiel die Angst vor Händen im Allgemeinen bestehen. Solche Tiere bezeichnet man dann als »hand-scheu«.

Auch der oft propagierte »Nackengriff« mit Schütteln des Hundes im Genick ist eine völlig ungeeignete »Strafmaßnahme«. Durch die Strafe kann ein Besitzer seinen Hund lediglich tadeln, nicht jedoch den Weg zum Besseren aufzeigen. Die erlernte Hilflosigkeit durch eine zu harte Einwirkung ohne Fluchtmöglichkeit, die wechselnd angenehmen und unangenehmen Folgen für das stets gleiche Verhalten und die Überforderung des Hundes spielen beim Bestrafen ebenfalls eine große negative Rolle. Die körperlichen und seelischen Schmerzen, die eine Strafe bei den Hunden auslöst, kann die Tiere zur übermäßigen Aggression verleiten. Zudem wird die Beziehung von Hund und Halter belastet.

## Lernen mit Freude

Lernen muss Spaß bringen. Wenn die Hunde Freude daran haben, üben sie gern und lernen sogar viel schneller. Strafen macht es unmöglich, rasch zu lernen. Ihre Kreativität und Konzentration lassen nach. Ihre Kreativität hängt sehr davon ab, welche Erfahrungen die Hunde in den vorherigen Trainingsstunden gemacht haben.

Hat zum Beispiel ein Hund gelernt, dass unerwünschtes Verhalten mit Strafe verbunden ist, wird er sich der Strafe entziehen, indem er schlauerweise überhaupt keine Verhaltensweisen mehr darbietet. Denn wer nichts macht, kann auch nichts falsch machen! Wurde der Hund hingegen für erwünschte Verhaltensweisen belohnt und das unerwünschte Verhalten einfach ignoriert, so wird er sich weiterhin zwecks Belohnung um Einfallsreichtum im Verhaltensrepertoire bemühen. Also: die Ignoranz ist das beste Mittel gegen unerwünschtes Verhalten!

Damit aber das Ignorieren als Erziehungsmethode wirklich zum Erfolg führt, müsste der Mensch zu dem Hund eine gute und intakte Beziehung haben. Die Rolle Mensch und die Rolle Hund müssen gut und klar definiert werden. Wenn die Hunde überzeugt sind, die führende Position zu haben, interessieren sie weder unsere Befehle, noch die Tatsache ignoriert zu werden. Unsere Kommandos werden für die Hunde höchstens wie Ratschläge klingen und das Beste ist: die Tiere werden uns ignorieren! Sie drehen ganz einfach den Spieß um.

## Mit dem Hund arbeiten

Hilfsmittel wie beispielsweise Kopfhalfter können oft helfen, ein Problem wie z. B. Ziehen an der Leine zu lösen. Durch das Band, das an der Schnauze des Hundes angelegt wird, kann der Hund sicherer geführt und das Ziehen an der Leine eventuell besser in den Griff bekommen werden. Im Vergleich zu Halsbändern oder Geschirren kann man den Kopf des Hundes lenken und kontrollieren, wodurch das Kräfteverhältnis zwischen Mensch und Hund zugunsten des Menschen verschoben wird. Mehr über den Einsatz des Kopfhalfters wird auf S. 66. von meinem Kollegen Herrn Schmidt beschrieben.

Dabei darf aber nie vergessen werden, dass Hilfsmittel – egal welche – nie Ersatz für schlechte Trainingsfähigkeiten des Hundehalters sind! Sie ersetzen weder Konsequenz noch gutes Timing bei der Belohnung. Bevor Hilfsmittel zum Einsatz kommen, sollte also immer zuerst geschaut werden, ob nicht Fehler des Menschen die Ursache dafür sind, dass der Hund nicht verstanden hat, was wir von ihm wollen.

Auch reagieren nicht alle Hunde gleich und am besten ist es immer, zusammen mit einem guten Trainer eine individuelle, für den Hund passende Lösung zu finden, ehe im »Selbstversuch« verschiedene Hilfsmittel ausprobiert werden.

Über den Sinn, die Notwendigkeit und die Tierschutzwidrigkeit des Einsatzes von Stromreizgeräten bei der Hundeerziehung könnte man ein Extrakapitel schreiben. Ich werde mich hier aber nur auf zwei Anmerkungen beschränken: Erstens ist die

Gefahr von Fehlverknüpfungen und Angstverhalten als Folge zu groß und zweitens kann durch den Strom eine Schmerzreaktion mit Stress ausgelöst werden. Für Privathalter ist seine Anwendung in Deutschland auch verboten (Siehe »Hund und Recht«).

Ein Mensch sollte mit dem Hund niemals über seine Konzentrationsfähigkeit hinaus arbeiten. Die ist abhängig von seinem Alter, Ausbildungsstand und Gesundheitszustand. Wenn eine Übung besonders gut gelingt, neigen wir Menschen dazu, die Aufgabe sogleich zu wiederholen. Wir haben eben besonderen Spaß daran, wenn wir mit dem Hund erfolgreich arbeiten! Oft wäre es für das Tier aber besser, genau in diesem Augenblick aufzuhören und das Training mit einem Erfolgserlebnis für Mensch und Hund abzuschließen. Das bringt beiden Freude und verbessert die Laune.

Viele Erziehungsprobleme könnten vermieden werden, wenn wir Menschen souverän auftreten und konsequenter das um Aufmerksamkeit heischende Verhalten des Hundes ignorieren würden.

Es könnten auch weitere Erziehungsprobleme vermieden werden, wenn wir uns Gedanken machen würden, was wir mit dem Hund eigentlich erreichen wollen: Wie möchten wir mit dem Hund arbeiten? Was wollen wir ihm beibringen? Wie könnten wir ihn belohnen? Wie lange kann sich unser vierbeiniger Liebling konzentrieren und wie kreativ ist er? In welchem Ausbildungsstadium befindet er sich? Was kann man von ihm verlangen? Wie ist unser und sein physischer und »psychischer« Zustand an diesem Arbeitstag? Dabei sollten Sie nicht vergessen, dass Ihr Hund ein Individuum ist, mit dem Sie auch individuell umgehen müssen. Ein Patentrezept für alle Hunde gibt es nicht!

Die Schlüssel zu einer erfolgreichen Hundeerziehung sind ein passend strukturiertes Hundetraining, spezielle Belohnungen, die Art der Erziehung, der Ausbildungsweg und die Trainingsdauer – individuell auf den eigenen Hund abgestimmt. Deshalb möchte ich Ihnen besonders ans Herz legen, mit Ihrem Hund bei einem kompetenten Tierarzt oder guten Hundetrainer konkreten Rat einzuholen!

## Gute Hundeschulen

Kenntnisreiche Hundetrainer sorgen für das Wichtigste: Dem Hund den Spaß am Lernen zu erhalten! Eine positive Belohnung bringt Freude bei der Trainingsarbeit. Übermäßige Anforderungen hingegen erzeugen Stress. Gute Hundeschulen setzen die Hunde dem nicht aus. Jegliche Strafen – etwa Schläge und Nackenschüttlung – dürfen ebenso wenig vorkommen wie überlaute, bedrohliche Kommandos und Imponiergesten des Hundetrainers. Er darf sich nicht stets und ständig als »Alpha-Tier« gerieren, darf nicht eigenes Versagen durch lautes Schreien oder gar Gewalt am Tier überdecken und darf sich nicht profilieren wollen.

Nicht nur auf dem Hundeplatz sollte geübt werden, sondern auch an Örtlichkeiten des Alltags, zum Beispiel auf Bahnhöfen und in Einkaufszentren. Das führt bei den Hunden zu einer Generalisierung und Wesensstärkung.

Eine gute Hundeschule erkennt man bereits an dem dort eventuell geführten Welpenkurs. Man sollte bereits im Welpenalter mit der Erziehung anfangen, muss aber gleichzeitig darauf achten, dass sowohl die Übungen als auch die Dauer der Übungseinheiten dem Alter des Welpen angepasst sind. Hierbei beginnt man einfach. Wichtig hierbei ist, dass der Welpe keine Angst hat und nicht zu aufgeregt ist. Man sollte liebevoll, aber konsequent mit ihm umgehen. Weiterhin sollte man ihm im positiven Sinn viele Reizsituationen bieten, um ihn an alltägliche Situationen zu gewöhnen. Die Übungen sollten spielerisch aufgebaut werden, denn so lernt der Welpe in einer stressfreien Übungsatmosphäre. Es wäre also anzuraten, nachdem das Tier vom Züchter geholt wurde und sein neues Zuhause kennengelernt hat, eine Welpengruppe zu besuchen. Hierfür ist es nicht notwendig, den vollständigen Impfschutz abzuwarten. Trotzdem ist es empfehlenswert, sich vor dem Besuch einer Hundeschule mit dem zukünftigen Tierarzt in Verbindung zu setzen, um den Impfstatus des Tieres durchchecken zu lassen, da es je nach Züchter, Alter und Zuchtbedingungen Unterschiede gibt. Hier arbeiten maximal acht Welpen pro Betreuungsperson zusammen. Diese Person nimmt sich genügend Zeit, um Fragen der jeweiligen Frauchen und Herrchen zu beantworten. Das Alter der Hunde liegt in diesen Kursen zwischen acht und zwanzig Wochen. Nach der zwanzigsten Lebenswoche kommen die Hunde in eine Art Rüpelphase und könnten dementsprechend den Kurs stören. Ein Grundstück mit Struktur, wie liegende Baustämme, Reifen, Bäche etc. sollte vorhanden sein. Dort wird theoretischer und praktischer Unterricht durchgeführt. Es wird nicht nur gespielt, auch die Grundkommandos, Bindungs- und erste Erziehungsübungen werden kurz geübt. Spaziergänge, wie zum Beispiel in die Stadt oder zu verschiedenen Tiergehegen, stehen auf dem Programm. Spielpartner müssen zusammenpassen, also darf kein zu großer Altersunterschied vorliegen! Eventuell sollte ein erwachsener, welpenerfahrener Hund ab und zu dabei sein. Ganz wichtig: Frei herumlaufende Welpen machen noch keine Welpenstunde!

Auch in Hundeschulen ohne Welpenkurse muss auf jeden Fall feststehen, dass der Hund als Partner angesehen wird und deshalb das Erzeugen von Angst keinen Sinn macht! Man arbeitet mit gewaltfreien Methoden ohne Schimpfen. Der Einsatz von Stachelhalsbändern zum Beispiel birgt bestimmte Gefahren wie ein hohes Verletzungsrisiko, Erzeugen von Stress durch die schmerzhafte Einwirkung, wobei es in vielen Fällen zu fehlerhaften Verknüpfungen kommt und die Hunde aggressiver werden können.

Besser arbeitet man mit Motivation wie Stimme, Futter und Spiel, um den gewünschten Erfolg zu erlangen!

Die Hunde sollten ebenfalls von dem Alter und den Fähigkeiten her gut zusammenpassen. Auch Theorien über Hundeverhalten sowie das korrekte Auftreten mit den Tieren in der Öffentlichkeit sollten hier auf dem Lehrplan stehen. Sinn und Zweck der Übungen werden immer ausführlich erklärt. Richtiges Reagieren bei Problemen oder Rauferei wird vorab geklärt. Problemhunde werden nicht weggeschickt, sondern besonders intensiv betreut, es sei denn, die Probleme erfordern eine Verhaltenstherapie.

Der Hund, sowie dessen Frauchen und Herrchen sollen Spaß am Unterricht haben. Es spricht für die Hundeschule, wenn Ihr Hund gerne dorthin geht und nicht den Schwanz einklemmt!

Ein guter Hundetrainer muss Grundlagenkenntnisse und praktische Fähigkeiten der folgenden Themengebiete nachweisen können:

- Lernverhalten
- Problemverhalten
- Zucht / Haltung / Ernährung
- Tiergesundheit / Erste Hilfe
- Rechtsfragen
- Anatomie
- Ethologie, speziell Ontogenese, Kommunikation, Spiel, Aggression, Domestikation
- Neurophysiologische Grundlagen
- Methodik und Didaktik des Lehrens
- Unternehmensführung und Management

Zum besseren Verständnis möchte ich nun einige oben erwähnte Begriffe erklären.
- Unter dem Begriff Ethologie versteht man ganz einfach die Verhaltensbiologie.
- Die Ontogenese beschreibt die Entwicklung des einzelnen Lebewesens von der befruchteten Eizelle bis zum Tod.
- Domestikation ist ein innerartlicher Veränderungsprozess von Lebewesen, bei dem diese durch den Menschen über Generationen hinweg von der Wildform genetisch isoliert gehalten werden. Damit wird ein Zusammenleben mit dem Menschen in dessen Haus ermöglicht. Einfach ausgedrückt beschreibt der Begriff Domestikation den Wandel vom »Wildtier zum Haustier«.

Nach langjährigen intensiven, bundesweit durchgeführten Diskussionen und auf Grundlage von D.O.Q.-Test PRO hat die Tierärztekammer Schleswig-Holstein Anfang 2007 begonnen, Hundetrainer zu prüfen und zu zertifizieren. Seitdem reisen Kandidaten aus den unterschiedlichsten Bundesländern nach Schleswig-Holstein und treten die Prüfung an. Es wurde Zeit, dass eine Behörde in das Chaos der plötzlich auferstandenen und selbsternannten »Hundegurus« Ordnung gebracht hat. Hier wurden Qualitätskriterien für Hundetrainer/innen und deren Umsetzung in Form einer Prüfung entwickelt. Der erfolgreiche Abschluss der Prüfung stellt dann eine Zertifizierung der Tätigkeit für die jeweilige Person dar. Da es sich bei der Zertifizierung um eine bundesweit anerkannte amtliche, fachlich unanfechtbare und auf alle Bereiche der o.g. Tätigkeiten anzuwendende Zertifizierung handelt, sind die Kriterien dafür frei von ideologischen oder einseitig entwickelten Inhalten erarbeitet worden. Die kostenaufwendige Mitgliedschaft in einem Verband oder einer Institution sowie das Teilnehmen an noch teureren Pflichtseminaren ist nicht Voraussetzung. Die Kandidaten dürfen sich prüfen lassen, egal, woher sie ihr Wissen erworben haben.

Ein Trainer sollte wissen, wo seine Grenzen liegen! Wie durch die Hundetrainerzertifizierung der Tierärztekammer angestrebt, wäre die Kooperation mit einem Tierarzt für Verhaltenstherapie optimal.

Eine Auflistung der zertifizierten Hundetrainer/innen finden Sie auf der Homepage der Tierärztekammer Schleswig-Holstein.

Sollte ein Hund, der immer lieb und friedlich war, ganz plötzlich aggressives Verhalten zeigen, muss er schnellstens dem Tierarzt vorgestellt werden, denn er könnte Schmerzen oder eine andere Erkrankung haben. Wenn man aber nach einigen problematischen Begegnungen mit anderen Hunden feststellt, dass sich der eigene Hund mit Artgenossen nicht verträgt, sollte man Rat bei einem der oben genannten Hundetrainer oder einem Tierarzt suchen, der auf Verhaltenstherapie spezialisiert ist. Nicht vergessen: Besser keine Hundeschule besuchen als eine schlechte!

Literatur zum Vertiefen und Weiterlesen:

Piturru, P. (2009) Lassie, Rex & Co. klären auf. Kynos Verlag, aktualisierte Neuauflage, ISBN 978-3-938071-78-6
Rehage, F. (2006) Lassie, Rex & Co. Kynos Verlag, aktualisierte Neuauflage, ISBN 978-3-933228-11-6

Dr. Wolf-Dieter Schmidt

# Halter und Hund in der Öffentlichkeit

Die in diesem Kapitel behandelten Themen decken Fragen aus folgenden Kategorien des D.O.Q.-Tests 2.0 ab:

Kat C – Hund und Öffentlichkeit

In Deutschland leben rund sechs Millionen Hunde in unterschiedlichen Haltungsformen mit Menschen zusammen. Die rasanten Veränderungen in der Umwelt, dem Umfeld im ländlichen, aber vor allem im städtischen Bereich bedenkend, kann man nur sagen: Unsere Hunde haben sich bravourös angepasst.

Weltweit gibt es ungefähr fünfhundert Hunderassen. Die wenigsten Hunde, mit oder ohne Rassestandard, werden heute noch als Arbeitshunde zur Unterstützung des Menschen eingesetzt. Einige daraus resultierende Hauptprobleme sind:

- Unterbeschäftigung und Langeweile
- Haltung von reinen Arbeitshunderassen wie Owtscharka, Kangal, Kuvasz, Deutscher Schäferhund, Rottweiler und Dobermann ohne Kenntnis der dadurch eventuell entstehenden Überforderung der Hunde und Risiken für die Öffentlichkeit
- Bissverletzungen innerhalb der Familien durch den eigenen Hund, wenn die Grundregeln des Zusammenlebens nicht beachtet werden (Dissertation C. Horrisberger, Schweiz, 2001: Über 70 % aller Hundebissverletzungen finden in der eigenen Familie statt und über 70 % davon an Kindern!)

Um zu vermeiden, dass es zu Beißzwischenfällen außerhalb des »Familienterritoriums« kommt, ist es wichtig, dass Hundebesitzer sich vorausschauend und vorsichtig mit ihrem Hund in der Öffentlichkeit bewegen. Es wäre schön, wenn alle Hundebesitzer in der Öffentlichkeit nur noch angenehm auffallen würden und in den Medien nur noch über positive Erlebnisse mit Hunde berichtet würde.

# Tipps für Hundespaziergänge

Jeder Hund sollte je nach Alter und Gesundheitszustand ein bis drei Stunden täglich »bewegt« werden. Er sollte bei jedem Spaziergang nicht nur körperlich, sondern unabhängig vom Alter auch geistig durch Trainingseinlagen gefordert werden.

## Zusammentreffen mit anderen Menschen

- Sie nähern sich mit Ihrem frei laufenden Hund einer Wiese oder einem Platz im Park oder Wald, an dem Kinder Fußball, Versteck oder Fangen spielen oder Eltern zusammen mit ihren Kindern gerade ein Picknick machen. Um zu zeigen, dass Sie Rücksicht nehmen, leinen Sie Ihren Hund schon weit vorher an. Dies tun Sie bitte auch, wenn Erwachsene in Parks/Wäldern etc. Fußball spielen, Grillen oder Picknicken, Joggen oder ähnlichen Freizeitbeschäftigungen nachgehen. Bitte lassen Sie Ihren Hund erst wieder frei laufen, wenn Sie ganz sicher sind, dass er nicht zurück-/hinterher läuft.
- Bitte nehmen Sie auch beim Zusammentreffen mit Spaziergängern Ihren Hund an die Leine oder rufen ihn zumindest zu sich und halten ihn kontrolliert bei Fuß, denn der Spaziergänger könnte Angst vor der Annäherung von Hunden haben. Ganz besonders gilt das bei Personen mit Spazierstock oder Unterarmstützen, denn manchmal sehen Hunde in dem Stock eine Bedrohung.
- Bei Gruppen von Menschen und Kindern, vor allem bei herumtobenden oder schnell laufenden Kindergruppen, leinen Sie den Hund bitte immer an.
- Sie sollten schon frühzeitig mit Ihrem Hund daran arbeiten, dass er weder im Außenbereich noch in Ihrer Wohnung andere Menschen anspringt. Dies ist zwar kein Zeichen von Aggression, wie manchmal behauptet wird, aber für andere Personen (vor allem, wenn sie Angst vor Hunden haben) unangenehm, erschreckend oder bedrohlich. Außerdem beschmutzt Ihr Hund vielleicht die Kleidung oder zerreißt etwas.
- Kommen Erwachsene oder Kinder auf Sie und Ihren Hund zu und fragen, ob sie ihn streicheln dürfen, nehmen Sie ihn an die Leine oder ans Halsband, kontrollieren ihn und erklären, wie und wo Sie möchten, dass man sich Ihrem Hund nähert und ihn streichelt/anfasst. Am besten ist es, zuerst die ausgestreckte Hand beschnuppern zu lassen und dann vorsichtig im Hals- und Kopfbereich streicheln zu lassen. Wenn Sie merken, dass Ihr Hund mit Anspannung oder Unbehagen reagiert, sagen Sie dies dem Gegenüber, erklären es und entfernen sich dann mit Ihrem Hund unter Kontrolle.
- Achten Sie darauf, dass Kinder Ihrem Hund mit dem Gesicht beim Streicheln und Schmusen nicht zu nahe kommen oder ihn umarmen, da es dabei manchmal (siehe Studie Horrisberger) zu Verletzungen im Gesichtsbereich des Kindes kom-

men kann. Das Gesicht des Kindes ist dann auf der Höhe des Mauls und selbst leichte Abwehrbewegungen führen zu Verletzungen.

## Zusammentreffen mit anderen Hunden

- Sie gehen mit Ihrem Hund spazieren und Ihnen kommt ein anderer Hundebesitzer mit seinem Hund an der Leine entgegen. Bitte nehmen Sie Ihren Hund auch an die Leine. Der andere Hundebesitzer wird schon einen Grund haben, seinen Hund an der Leine zu führen. Sind Sie auf gleicher Höhe, können Sie sich mit dem anderen Hundebesitzer darüber unterhalten, ob Sie es nicht gemeinsam versuchen wollen, die Hunde frei laufen zu lassen.

- Sie lassen Ihren unkastrierten Rüden frei laufen und ein anderer Hundebesitzer mit seiner Hündin an der Leine ruft Ihnen zu, dass seine Hündin läufig ist. Falls Sie es noch können, nehmen Sie Ihren Rüden sofort an die Leine. Wenn er schon hingelaufen ist, verhindern Sie sein Beschnuppern, Kontaktaufnehmen oder Aufreiten. Ist er bereits aufgeritten bzw. steht nach dem Absteigen mit seinem Kopf in die andere Richtung als die Hündin (hierbei kommt es zum Samenerguss), versuchen Sie bitte nicht, die beiden mit Gewalt auseinanderzureißen, denn das könnte zu Verletzungen führen. Auch das Begießen mit kaltem Wasser hilft nicht. Sie müssen einfach abwarten, bis die beiden sich trennen und dann mit der Hündin zum Tierarzt zwecks nachträglicher Verhütungsspritze.

- Sie lassen Ihren Hund frei laufen und ein anderer Hundebesitzer mit Hund kommt Ihnen entgegen und nimmt seinen Hund auf den Arm. Leinen Sie Ihren Hund an, bringen ihn ins SITZ oder PLATZ (belohnen ihn, wenn er es tut) und lassen den anderen vorbeigehen oder gehen mit Ihrem Hund unter Kontrolle an ihm vorbei.

- Sie haben einen kleinen Hund an der Leine und ein fremder, unangeleinter Hund kommt Ihnen entgegen. Nehmen Sie Ihren Hund nicht auf den Arm, das schränkt Ihre Beweglichkeit und Abwehrmöglichkeiten ein und erregt erst recht das Interesse des anderen Hundes an Ihrem Hund. Er wird versuchen, an Ihnen hochzuspringen, um Kontakt mit Ihrem Hund aufzunehmen. Setzen Sie Ihren Weg fort und versuchen, zwischen den Hunden zu gehen, ohne Blickkontakt mit dem anderen Hund. Es hat auch wenig Sinn, den anderen Besitzer anzuschreien oder darum zu bitten, dass er seinen Hund an die Leine nehmen soll.

- Ihr frei laufender Hund trifft auf einen anderen frei laufenden Hund, der ihn anknurrt. Sie wenden sich ab, rufen Ihren Hund und warten in einiger Entfernung ab, bis sich Ihr Hund von dem anderen entfernt hat und loben ihn, wenn er ohne Auseinandersetzung bei Ihnen ist. Bleiben Sie nicht stehen oder stellen sich schützend zwischen die Hunde. Beim Stehenbleiben wird eventuell eine Auseinandersetzung gefördert und beim Dazwischenstellen könnten Sie bei einer Auseinandersetzung gebissen werden.

- Ihr frei laufender Hund und ein anderer frei laufender geraten in eine Rauferei. Schreien Sie die Tiere nicht an, denn das erhöht bei beiden nur die Aggressionsbereitschaft. Fassen Sie auch die Hunde nicht im Kopf- oder Halsbereich an und versuchen Sie nicht, die kämpfenden Tiere so zu trennen, denn dabei werden meist die Besitzer verletzt. Greifen Sie nicht ein, sondern Sie und der andere Hundebesitzer sollten sich umdrehen und jeder in eine andere Richtung weggehen und die Hunde rufen. Kommen beide nicht und der Kampf entwickelt sich zu einem ernsten Kampf (Hochkampf auf den Hinterbeinen) ohne Lautäußerung, sollten beide Hundebesitzer gleichzeitig jeder seinen Hund an einem Hinterbein oder Schwanz packen und wegziehen. Jeder muss jetzt aber sofort seinen Hund energisch unter Kontrolle bringen, sonst wird er selbst von seinem Hund angegriffen. Leinen Sie dann den Hund an und gehen weg.
- Immer wenn Sie Ihren Hund an der Leine führen und er mit einem anderen Hund, der ebenfalls an der Leine ist, Kontakt aufnehmen will, sollten Sie darauf achten, dass die Leinen sich nicht ineinander verdrehen oder verhaken. Es kann sonst zu Raufereien unter den nun nicht mehr frei beweglichen, eingeengten Hunden kommen.

Es wird immer wieder behauptet, vor allen Dingen in der Politik, dass es besonders gefährliche Rassen oder »Kampfhunderassen« geben soll. Dies stimmt nicht. Leider haben Verwaltungsbeamte einfach aus Büchern abgeschrieben, in denen es um Rassen ging, die früher für Hundekämpfe untereinander oder für Kämpfe mit anderen Tieren gezüchtet wurden und diese Rassen in die Gesetzgebung einfließen lassen. Alle international wissenschaftlich arbeitenden und anerkannten Fachleute bestreiten dies seit vielen Jahren. Aber wie so häufig zählt die Meinung der Fachleute nicht, sondern Vorurteile haben mehr Akzeptanz.

Die Aggressionsbereitschaft eines Tieres wird durch Ausbildung und Haltung gefördert. In jeder Rasse, ob groß oder klein, gibt es friedliche, ängstliche und aggressive Tiere. Keine Rasse ist per se aggressiv. Aber bei einigen ist die Kiefermuskulatur, bedingt durch frühere Aufgaben, stärker ausgeprägt und die Bissverletzungen fallen bei diesen Hunden stärker aus.

Wenn Sie nach häufigen Raufereien Ihres Hundes mit Artgenossen feststellen sollten, dass alle Ihre Trainingsversuche fehlgeschlagen sind und der Besuch einer zertifizierten Hundeschule (nach D.O.Q.-Test PRO) auch keine positiven Ergebnisse gebracht hat, sollten Sie bei einem Fachtierarzt für Verhaltenskunde oder Tierarzt mit der Zusatzbezeichnung Verhaltenstherapie Rat suchen, denn vielleicht könnte auch eine Erkrankung die Ursache sein oder Ihr Hund benötigt eine Verhaltenstherapie.

## Zusammentreffen mit anderen Tieren

- Kommen Ihnen Reiter entgegen, rufen Sie Ihren Hund schon früh heran, nehmen ihn an die Leine und bleiben abseits vom Weg stehen. Bringen Sie Ihren Hund ins SITZ, denn selbst wenn Ihr Hund Pferde kennt und mit ihnen gut umgehen kann, wissen Sie nicht, wie das entgegenkommende Pferd reagieren wird.

- Im ländlichen Bereich kommt es immer wieder vor, dass Hühner, Ziegen, Kühe, Schweine oder andere Nutztiere getrieben werden oder frei laufen. Nehmen Sie Ihren Hund an die Leine, bringen ihn abseits des Wegrandes ins SITZ und lassen die Tiere passieren. Im Vorortbereich kann es Ihnen passieren, dass Katzen frei laufen oder an der Leine spazieren geführt werden. Sie leinen Ihren Hund wieder an und bringen ihn kontrolliert ins SITZ. Vergessen Sie nicht, ihn zu loben, wenn er Ihre Anordnungen ausführt.

- Wenn Sie mit Ihrem Hund in einen Wald oder Park kommen, in dem es viel Wild, vor allem Kaninchen, gibt und Sie wissen, dass Ihr Hund sich sehr dafür interessiert, dann nehmen Sie ihn vorher an die Leine. Um grundsätzlich vorzubeugen, erarbeiten Sie in einer zertifizierten Hundeschule einen Ausbildungsplan gegen das Jagdverhalten Ihres Hundes und trainieren mit dem Hundetrainer Ihren Hund entsprechend. Manche Hunde müssen aber dauerhaft in Wald und Flur an der Leine geführt werden, um keinen Wildschaden zu verursachen bzw. nicht Gefahr zu laufen, von einem Jäger getötet zu werden. Vor allem bei Hunden, die erst später als im Welpenalter übernommen wurden, kann das so sein.

- Ist Ihr Hund wegen Wildes (oder aus einem anderen Grund) entlaufen und kommt nicht nach einiger Zeit an den Ort zurück, von wo aus er Ihnen entwichen ist, dann informieren Sie den zuständigen Tierschutzverein/Tierheim/Polizei und im Wald bzw. in der Flur den Jagdpächter die Försterei. Natürlich können Sie auch Aushänge mit Foto machen.

## Verkehrssituationen

- Beginnen Sie Ihren Welpen/Junghund/Hund möglichst früh an unterschiedliche Verkehrssituationen zu gewöhnen. Am besten geht das in Welpengruppen. Wenn Sie es allein machen, führen Sie ihn erst in ruhigen, abgelegenen Bereichen an parkende Autos, Ampeln, fahrende Autos, Motorräder heran und loben ihn immer, wenn er ruhig bleibt. Ängste ignorieren Sie. Sollten Sie hier ein größeres Angstproblem feststellen, das sich durch Ignorieren allein und schrittweise Annäherung an die angstauslösenden Objekte nicht bessern lässt, fragen Sie einen zertifizierten Trainer oder einen Tierarzt für Verhaltenstherapie um Rat. Letzterer kann Ihnen zur Unterstützung auch spezielle Pheromone für den Hund mitgeben, die bei Ängsten beruhigend wirken können.

- Autofahren sollte Ihr Hund schon als Welpe mit seiner Mutter und den Geschwistern gelernt haben, sonst müssen Sie es schrittweise trainieren. Erst am parkenden

Auto mit Belohnungen, im stehenden Auto und dann langsam Fahren und die Zeit im Auto und Länge der Fahrt langsam steigern.

- Beim Autofahren muss Ihr Hund laut Gesetzgeber durch
  - eine Abtrennung oder einen Käfig im Heckraum eines Kombis

  oder
  - eine Hundetransportbox, die sinnvollerweise gesichert und befestigt werden sollte

  oder
  - spezielle Sicherheitsgurte auf dem Rücksitz

  gesichert sein. Er gehört nicht in den Kofferraum.
- Im parkenden Auto sollten Sie Ihren Hund erst allein lassen, wenn er entspannt längere Strecken fährt und zuhause gelernt hat, allein zu bleiben. Parken Sie in abgelegenen Gegenden und immer im Schatten und lassen die Fenster einen Spalt auf. Grundsätzlich soll ein Hund immer nur kurze Zeit in einem parkenden Auto warten müssen. Achten Sie im Herbst und Winter darauf, dass es nicht zu kalt und im Sommer zu heiß ist. Im Auto sollten Sie immer Wasser für Ihren Hund dabei haben.
- In Innenstadtbereichen, an stark befahrenen Straßen, in Treppenhäusern und Fahrstühlen und auch in Ihrem Wohnhaus (es könnten Fremde/Besuch der anderen Mieter kommen) nehmen Sie Ihren Hund immer an die Leine.
- In öffentlichen Verkehrsmitteln sollten Sie Ihren Hund immer an der kurzen Leine haben.

  In einigen, wie zum Beispiel der Deutschen Bahn, werden Hunde nur befördert, wenn sie sich entweder in einem tragbaren Transportbehälter befinden oder einen Beißkorb tragen (und natürlich angeleint sind). Sie müssen für ihn eine Fahrkarte erwerben. Es gibt auch einige Gemeinden, in denen Hunde nicht in Bussen und Straßen- /U- und S-Bahnen befördert werden.
- Sammeln Sie überall im öffentlichen Bereich den Kot Ihres Hundes ein. Es ist unhygienisch, wenn jemand hineintritt. Kein Mensch mag Hundekot unter seinen Schuhen oder bei seinen spielenden Kindern an der Kleidung oder Händen. Sie bestimmt auch nicht. In den meisten Gemeindeordnungen stehen Verbote des Liegenlassens und entsprechende Strafen. Nehmen Sie Plastikbeutel auf Spaziergänge mit.
- In der Nähe von Spielplätzen, Schulen, Kindergärten und Sportflächen leinen Sie Ihren Hund immer an.
- Hunde dürfen nicht mit auf Kinderspielplätze, in Schulen, in Krankenhäuser, die meisten Altersheime, Badeanstalten und Badestrände. Innenstädte, Fußgängerzonen und Geschäftsstraßen sollten Sie Ihrem Hund zuliebe meiden. Einige Seniorenheime haben entdeckt, dass Hundebesuch ihren Bewohnern gut tut, diese aufheitert und entspannt. Aber die Hunde müssen dafür ausgebildet werden.

- Wenn Ihr Hund einmal am Fahrrad nebenherlaufen soll, müssen Sie das langsam auftrainieren. Gehen Sie zuerst mit ihm neben dem geschobenen Fahrrad her. Dann bitten Sie eine zweite Person um Hilfe und nehmen den Hund an zwei Leinen zwischen beide Personen, wobei Sie langsam fahren. Die zweite Person hält den Hund auf Abstand zum Fahrrad. Sie befestigen die Leine nie am Lenker, sonst reißt Ihr Hund Sie um. Es gibt spezielle Vorrichtungen, die am Hinterrad befestigt werden und mit denen Ihr Hund dann neben Ihnen auf Ihrer Höhe läuft. Der Hund läuft immer rechts, auf der dem Verkehr abgewandten Seite, neben dem Fahrrad. Vor dem Fahrradfahren muss Ihr Hund trainiert sein, um längere Strecken zu traben bzw. zu galoppieren. Immer das Tempo wechseln und am Anfang Pausen einlegen.

Bitte immer Wasser zum Saufen mitnehmen.

# Mensch und Hund

## Natürliche, genetisch bedingte Verhaltensweisen des Hundes

Der Hund ist das älteste Haustier des Menschen. Bisher haben wir angenommen, dass der Wolf vor etwa 12.000 bis 15.000 Jahren domestiziert wurde. Durch die Untersuchung prähistorischer Knochenfunde ist der eindeutige Nachweis geführt, dass unsere Haushunde vom Wolf abstammen und nicht, wie u.a. Konrad Lorenz noch annahm, auch vom Schakal und Kojoten (siehe auch S. 93). Distl, Wayne et al. diskutieren anhand genetischer Untersuchungen von Zellen, dass man von einer Co-Evolution sprechen kann, die vor mehr als 100.000 Jahren begann, in der sich Wölfe und Menschen/Hominiden als Partner ausgesucht und voneinander gelernt haben, z. B. der Mensch Jagdmethoden vom Hund. Domestikation bedeutet, dass wilde Individuen einer Art von den wild lebenden Artgenossen getrennt und vom Menschen kontrolliert gehalten und vermehrt wurden.

Der Mensch machte sich die Eigenschaften, mit denen der Hund den Menschen überlegen war zu eigen: die bessere Nase, die Schnelligkeit und Ausdauer bei der Verfolgung und Erlegung von Beutetieren und die größere Wachsamkeit aufgrund des besseren Gehörs.

Nachdem sich die Wolfsnachfahren bei der Jagd bewährt hatten, wurden sie nach der Domestikation von Schaf, Ziege und Rind beim Hüten der Herden eingesetzt und bewachten nach dem Sesshaftwerden Haus, Hof und Weiden. Der Mensch züchtete aus den Wolfsnachfahren nach seinen Bedürfnissen, durch Selektion nach Fähigkeiten und Körpermerkmalen.

Dies war der Grundstein für unsere heutigen Rassen.

## Hunderassen und ihre Spezialisierung

Die meisten Rassen hatten ursprünglich spezielle Aufgaben im Dienste des Menschen:

**Jagdhunde:**  Meutejagd:  Hetzen und stellen das Beutetier in der Meute/Rudel: Beagle, Foxhound, Bracke

Vorsteher:  Zeigen durch Verweilen, Heben einer Vorderpfote und Ausrichtung des Körpers/Kopfes das Wild an: Pointer, Setter, Deutsch-Drahthaar, Dalmatiner

Retriever:  Bringen/holen dem Jäger das getötete Wild: Labrador Retriever, Flat-Coated Retriever, Golden Retriever, Basset, Münsterländer

»Erdkämpfer«: Stellen das Beutetier im Bau und treiben es heraus: Dackel, Terrier

**Hütehunde:**  wandernde Herde: Briard, Collies, Deutscher/Belgischer Schäferhund (ursprünglich, jetzt mehr/fast nur noch Diensthunde)

feste Weide, auch »Herdenschutzhunde«: Kuvasz, Owtscharka, Pyrenäenberghund: alle als Familienhund mit Kindern nicht unbedingt zu empfehlen

**Viehtrieb:**  Bullterrier, Leonberger, Pitbull, Rottweiler

**Hofhunde:**  Deutsche und Dänische Dogge, Dobermann, Pinscher, Schnauzer, Spitze, Hovawart, Boxer, Bordeaux-Dogge

**Schlittenhunde:** Husky, Alaskan Malamute, Samojede

**Spezialaufgaben:** Neufundländer, Bernhardiner, Shar Pei, Chow-Chow (zu deutsch: lecker, lecker)

 An den früheren Aufgaben sieht man, dass unsere Hunde auch heute viel Bewegung und körperliche und geistige Aufgaben, also Beschäftigung, benötigen.

Typische Arbeitshunderassen wie die meisten Hütehunde (Border Collie, Australian Shepherd), die Terrier und alle Jagdhunde aus jagdlicher Zucht sind aufgrund ihrer Spezialisierung und ihres angezüchteten Arbeitseifers echte »Workaholics« und brauchen sehr viel Auslastung und Beschäftigung, um glücklich zu sein und keine Verhaltensprobleme zu entwickeln. Trotzdem haben alle Hunde natürlich auch unterschiedliche individuelle Eigenschaften. Nicht alle Hunde einer Rasse sind gleich, ebenso unterscheiden sich die Welpen eines Wurfes.

Wichtig für die Mensch-Hund-Beziehung ist aber auch, dass wir nie vergessen: In unseren Hunden steckt immer noch ein Teil Wolf! Wer denkt schon daran, wenn er mit seinem frisch gebadeten, geföhnten und gestylten Malteser vor die Tür geht?

Aber genau hier beginnt der Irrtum, dem wir Menschen immer wieder erliegen. In den vielen Jahrhunderten, die wir schon zusammenleben, haben viele von uns ihren Hund immer mehr vermenschlicht – und glauben, dass er genauso denkt und handelt wie wir, gleiche Interessen und Gedanken hat. Seine Instinkte und die daraus resultierenden Handlungen entsprechen aber größtenteils noch seinem Stammvater Wolf. Deshalb muss er möglichst früh lernen, was in der Beziehung zum Menschen erlaubt und was verboten ist. Das muss ihm mit Einfühlungsvermögen und Konsequenz möglichst von Anfang an mitgeteilt werden. Menschen, die authentisch sind, soziale Unterstützung gewähren und Grenzen setzen, werden vom Junghund, der seine Grenzen auslotet, am besten verstanden. Wichtig ist, dass Tabuzonen Tabuzonen bleiben, dass Menschen verlässlich und zuverlässig in ihren Aktionen und Reaktionen Hunden gegenüber sind und bleiben. So kommt es zur Schaffung von stabilen Bindungen.

Bis vor rund fünfzig oder sechzig Jahren hatte der Hund noch Aufgaben und war kein reiner Spaß- und Spielgefährte. Er musste das Haus und den Hof bewachen, Herden hüten, bei der Jagd helfen. Dafür hatte der Mensch hoch spezialisierte Rassen selektiert und gezüchtet. Heute haben Hunde meistens keine Aufgaben, sie liegen mehr oder weniger gelangweilt, teilweise als Luxus- bzw. Prestigeobjekt herum, dienen zur Belustigung und zum Zeitvertreib des Menschen. Einige sind Sportgeräte geworden. Fernsehserien scheinen nicht mehr ohne Hundestars auszukommen. Drückt dies die Sehnsucht des Menschen nach Natur aus?

Das Leben des Wolfes war und ist von Sexualität, dem Jagdverhalten zur Befriedigung des Hungers und der Revierverteidigung geprägt. Wie bei allen anderen Säugetieren (einschließlich des Menschen) auch. Ob Rehpinscher (10 - 12 cm hoch und 800 - 1100 g), Dogge (80 cm Widerrist und 80 kg) oder Irischer Wolfshund (110 cm Widerrist). Bei unserem Haushund ist es ebenso!

Dieses Verhalten kann bei unterbeschäftigten Haushunden in einer Umwelt mit Reizüberflutung und seinem unwissenden Sozialpartner Mensch/Hundebesitzer oder Hundeführer Probleme verursachen. Diese Probleme werden größer, wenn der Besitzer nicht gegensteuert, indem er den Hund körperlich und geistig beschäftigt. Hunde müssen Aufgaben haben und ausgelastet sein, am besten in Zusammenarbeit mit ihrem Menschen. Das liegt ihnen sehr, denn Hunde kooperieren, lösen Probleme mit sozialen Partnern, auch und gerade mit Menschen. Zusammenarbeit unterstützt soziale Bindung und festigt die Erziehung, denn Hunde richten sich gerne nach Menschen, die sicher und kenntnisreich mit ihnen umgehen und die Regeln des Miteinander nach ihren Vorstellungen pflegen. Müßig zu sagen, dass Gewalt hier nichts zu suchen hat, tierschutzrelevant ist und jegliche Zusammenarbeit und jede soziale Bindung unmöglich macht. Seine Führungsposition in der sogenannten »Rangordnung« kann der Mensch vielmehr dadurch sichern, dass er gemeinsame soziale Aktivitäten mit dem Hund beginnt und sie auch wieder beendet. Dazu gehört auch, allzu aufdringliches Verhalten von Seiten des Hundes zu ignorieren.

## Hunde und Kinder

Diese Kombination bedarf ständiger Kontrolle und Überwachung, vor allem wenn kleine Kinder und Hunde im gemeinsamen Haushalt leben. Wir haben im Kapitel »Hund und Öffentlichkeit« bereits gesehen, dass über 70 % aller Hundebissverletzungen in der eigenen Familie stattfinden und über 70 % davon an Kindern! Dabei kommt es meistens zu Verletzungen im Kopfbereich.

Kinder können ihre Position gegenüber einem Hund erst mit 12 - 14 Jahren (je nach Größe, Kraft und geistiger Entwicklung manchmal auch später) behaupten und verteidigen. Mit Verteidigung ist aber nicht die körperliche Auseinandersetzung gemeint. Denn eine solche werden auch die meisten Erwachsenen gegenüber einem aggressiven, kampfbereiten Hund verlieren! Es ist vielmehr die geistige Überlegenheit und Ausnutzung des vorausschauenden Denkens gemeint.

Zum einen sehen Hunde in Kindern Konkurrenten um Ressourcen, wie Futter, Plätze, Spielzeug, Aufmerksamkeit und Zuwendung, die sie ungeteilt besitzen und verteidigen wollen, zum anderen im ungünstigsten Fall Beute. Ob sich nun der Jäger oder die Beute falsch, sprich der Situation unangemessen verhalten hat, ist überflüssig hinterher zu diskutieren. Vorbeugen durch Aufsicht ist besser!

 Bis zum Alter von 12 - 14 Jahren sollten Eltern ihre Kinder und Hunde aller Rassen (vor allen Dingen der großen) nur unter Aufsicht zusammen spielen und die Kinder nie allein mit dem Hund spazieren gehen lassen.

### Babys und Kleinkinder:

Der Familienhund sollte das »neue« Baby der Familie geruchlich schon kennenlernen, wenn es noch im Krankenhaus ist. Ihm werden Strampler und »volle« Windeln mit dem Geruch des Babys aus dem Krankenhaus mitgebracht und er darf/soll sie abschnüffeln. Kommt das Baby das erste Mal nach Hause, lassen Sie ihn möglichst in der Tragetasche Kontakt aufnehmen und abschnüffeln. Der Hund sollte in Zukunft bei allen Aktivitäten mit dem Baby dabei sein, aber ein Elternteil lenkt, kontrolliert und beaufsichtigt immer seine Annäherung. Eltern oder Aufsichtspersonen sollten den Hund loben, wenn er sich für das Baby interessiert, sich ihm, seinem Bett oder Laufstall vorsichtig nähert und vorsichtig Kontakt aufnimmt (Schnüffeln, Beriechen). Ohne Aufsicht darf der Hund nie in das Zimmer des Babys, später des Kindes und genauso darf er mit dem Baby oder Kind nie allein in einem Raum sein! Beim Umgang des Hundes mit dem Baby oder Kleinkind sollten die Eltern Acht geben, dass der Hund weder mit den Pfoten noch dem Maul das Kind, auch nicht spielerisch, berührt, denn die Haut eines Babys/Kleinkindes ist sehr schnell verletzt.

Je bewegungsaktiver das Baby wird, desto wichtiger ist die Aufsicht und Anwesenheit der Eltern. Krabbelkinder sollten nie auf das Lager des Hundes krabbeln oder an seinen Näpfen bzw. seinem Spielzeug spielen. Die Eltern sollten darauf achten, dass Hund und Baby/Kleinkind/Kind unter ihrer Aufsicht häufig Kontakt und Umgang haben, zusammen spielen und mit nicht zu engem Kontakt schmusen.

Hunde, die in Familien, ob mit oder ohne Kinder, leben sollten regelmäßig entwurmt, gegen Parasiten behandelt und schutzgeimpft werden.

### Was Kinder lernen müssen:

Kinder müssen einige wichtige Verhaltensregeln für den Umgang mit dem Hund lernen, damit Unfällen vorgebeugt werden kann:

- Nur zusammen mit den zum Hund gehörenden Erwachsenen ist Umgang mit dem Hund erlaubt.
- Den Hund nie anstarren bzw. direkten Augenkontakt suchen.
- Den Hund erst anfassen, nachdem vorher (unter Aufsicht eines Erwachsenen!) vorsichtig Kontakt aufgenommen und die Reaktion des Hundes darauf beobachtet wurde.
- Leckerlis nur unter Anleitung Erwachsener geben.
- Sich niemals alleine dem Futternapf/Trinknapf nähern und nie den Napf wegnehmen.
- Nie ohne Aufsicht mit einem Hund spazieren gehen.
- Sich dem Platz des Hundes nur unter Aufsicht nähern, gleichgültig ob der Hund wach ist oder schläft und nicht sein Spielzeug oder Futter/Knochen etc. auf dem Lager bei sich liegen hat.

Eltern sollten immer darauf achten, dass Hunde nicht von den Kindern zu sehr bedrängt und in ihrer Bewegung oder Rückzugsmöglichkeit eingeengt werden. Sie sollten außerdem ihren Kindern die Körpersprache des Hundes erklären und zeigen. Besonders wichtig ist auch, dass Kinder die wichtigsten Regeln für den Umgang mit fremden Hunden kennen:

- Einen frei laufenden Hund draußen nie anfassen, ohne den Besitzer vorher zu fragen.
- Falls sich ein frei laufender Hund annähert, wie ein Baum stehen bleiben, nicht mit dem Hund sprechen, ihn nicht ansehen, den Kopf wegdrehen, nicht mit den Armen rudern, schreien oder gar weglaufen.

- Das Kind soll alles fallen lassen, was es in den Händen hält, wenn der Hund daran interessiert schnüffelt.
- Den Hundebesitzer fragen, ob es den Hund nach vorsichtiger Annäherung der Hand und Möglichkeit des Beschnupperns durch den Hund am Kopf streicheln darf.

Eigene oder fremde Kinder sollten nur unter Aufsicht mit einem Hund Ballapportier-, Fährten- und Suchspiele, aber keine Zerr- und Reißspiele mit Seilen und Gegenständen (Konkurrenzsituation um eine Ressource!) oder Jagd- und Kampfspiele machen.

Eltern, die mit ihren Kindern in Parks spazieren gehen, sollten bei Annäherung eines frei laufenden Hundes ihre Kinder an die Hand nehmen und weitergehen und sich bei weiterer Annäherung des Hundes zwischen Hund und Kind stellen.

Es gibt mittlerweile auch einige Programme, die in Schulen und Kindergärten angeboten werden und die den guten Umgang mit Hunden lehren, wie zum Beispiel »Blue Dog« – hier werden Kinder theoretisch über den Kontakt und Umgang mit Hunden belehrt. Im Programm »Komm, Tapsie komm« handelt es sich um eine theoretische Belehrung mit kindgerechten Zeichnungen und zusätzlich Erzieher, die einen Hund auf allen Vieren spielend darstellen, verdeutlichen die Situation. Später können auch speziell ausgebildete Hunde dazugezogen werden.

Aber nie sollten Lehrer oder Eltern einen Hund, »der bisher immer lieb war« einfach so mit in die Schule oder Kindergarten nehmen. Hierbei ist es schon zu Verletzungen gekommen, die dann das Gegenteil bewirkt haben. Hunde haben dann ein schlechtes Image. Hier hat das obere Ende der Leine den Fehler begangen, indem es sich und seinen Hund überschätzt hat!

 Hunde und Kinder sollten nur unter Aufsicht miteinander umgehen. Beide Seiten müssen lernen, sich zu akzeptieren/tolerieren, aber immer unter Anleitung und Aufsicht der verantwortlichen Erwachsenen.

Für die Erziehung und das Verhalten eines Familienhundes sind nur die Erwachsenen verantwortlich. Sie können sich bei Aktivitäten von ihren Kindern unterstützen lassen. Der Wunsch eines Kindes, vor allen Dingen eines Einzelkindes, nach einem Hund als Spielgefährte ist schön und verständlich, aber den Eltern muss klar sein, dass sie sich den Hund anschaffen und dafür allein verantwortlich sind, sie ihre Zeit für den Hund opfern müssen und sie den Hund erziehen müssen.
Kinder können dabei, meist nach Aufforderung, nur unterstützend wirken.

## Hundeverhalten – Menschenverhalten

Der Mensch

- versteht das instinktmäßige Verhalten seines Tieres oft nicht oder falsch.
- missdeutet die Mimik und Körpersprache seines Hundes, da er im täglichen Zusammenleben mit seinen Mitmenschen verlernt und vergessen hat, darauf zu achten. Hunde erkennen und verstehen unsere Körpersprache meist besser als wir selbst.
- zeigt seinem Tier mit seiner Körpersprache und Mimik oft etwas anderes, als er seinem Tier vermitteln will.
- kennt die normalen sozialpsychologischen Strukturen eines Hunderudels nicht.

Dadurch kommt es immer wieder zu Unfällen. Oft behauptet der Mensch/Besitzer aber, sie zu kennen und wird in diesem Halb- und Unwissen von der »öffentlichen Meinung«, den Medien und selbst ernannten Fachleuten bestärkt. In unserer Mediengesellschaft scheinen letztere die Rolle von scheinbar allwissenden und unfehlbaren Ratgebern übernommen zu haben. Jeder, der einmal in seinem Leben einen Hund besessen hat, sei es auch nur für kurze Zeit, sich »Hundepsychologe« oder »Hundenanny« nennt, gibt gefragt oder ungefragt seine Meinung dazu ab. Er ist »Fachmann«. Und leider hat dessen Meinung in Laienkreisen meist mehr Gewicht als die wirklicher Fachleute – Ethologen (meist Zoologen) und Tierärzte.

Pawlow, Thorndike, Skinner, Konrad Lorenz, Eibl-Eibesfeld und andere Wissenschaftler haben wichtige Lehrsätze zum Verhalten postuliert, uns alle erst für dieses Thema sensibilisiert, aber neue Forschungsarbeiten haben auch wieder neue Ergebnisse gebracht.

Schon Charles Darwin hat in »Die Abstammung des Menschen« (1871) dargelegt, dass wir – Mensch, Hund, Katze, Maus etc. – alle gemeinsame Vorfahren haben, nämlich die Einzeller. Die Entwicklung verlief durch Optimierung nach dem Evolutionsprinzip: Diejenige Art überlebt, die sich am besten an ihre jeweilige Umwelt angepasst hat. Zu dieser Anpassung gehört neben langsamen, über viele Jahrtausende stattfindenden körperlichen Veränderungen auch das Lernen durch Erfahrung, das sowohl beim Tier als auch beim Menschen täglich stattfindet. Der Streit, ob bestimmte Verhaltensweisen angeboren und erlernt oder nur angeboren oder nur erlernt sind, wird von den Vererbungstheorieanhängern und den Umwelttheorieanhängern erbittert geführt. Die Wahrheit liegt, wie so oft, wohl in der Mitte, im Kompromiss. Verhalten findet immer statt und wird beeinflusst durch die genetischen Merkmale, Umwelt und Erziehung. Alles ist lernbar, auch Aggression.

Jeder Hundebesitzer sollte wissen, dass:

- sein Hund, alle Tiere und wir Menschen Verhalten häufiger und lieber zeigen, wenn es sich lohnt.
- die normale Entwicklung in unterschiedlichen Altersphasen abläuft.
- Belohnung und Strafe in jeder Erziehung vorkommen.
- wenig gestraft werden sollte – Strafe hat, im Gegensatz zu Lob, weniger Langzeitwirkung und stört das Vertrauensverhältnis zwischen Mensch und Tier.
- Strafe gut terminiert sein muss – wegen der Kürze der Assoziationszeit (ein bis zwei Sekunden, s. S. 39).
- das Ignorieren eines Hundes und seiner Verhaltensweisen häufig die beste aller Strafen ist!
- ständiges, lebenslängliches Lernen und Erziehung Spaß macht und wichtig ist.
- Lob nicht nur Futter, sondern Worte, Streicheln, Ansprache und Blickkontakt ist.
- Kommandos kurz, knapp und deutlich und nur einmal gegeben werden sollten. Kein Wortschwall. Gesten zum Unterstützen der Kommandos sind äußerst wichtig, da unsere Hunde stärker als wir visuell orientiert sind, eine »Körpersprache« haben und die ihres Gegenübers gut lesen können.
- Körperkontakt, Schmusen und Streicheln für beide Seiten wichtig zur Entspannung und ein gutes Verhältnis sind. Aber es darf nicht so sein, dass nur der Hund kommt und den Körperkontakt einfordert, sondern der Mensch muss ihn ebenfalls auffordern bzw. Körperkontakte, zu denen der Hund auffordert, auch einmal ablehnen. So stärkt der Mensch seine Führungsrolle.
- der Mensch seinem Hund klare Regeln aufstellen und ihm diese hundgemäß verständlich erklären muss. Nur so kann man Hunden den ihnen gewährten Handlungsspielraum verdeutlichen und ihnen die Freiheit zugestehen, die vertretbar ist, niemanden stört oder gefährdet.

## Typische Missverständnisse

Denken Sie bei jedem Umgang mit bekannten oder fremden Hunden daran, wie Ihr Verhalten auf den Hund wirkt:

- Sich bei der Begrüßung, beim Streicheln oder im normalen Umgang über einen Hund zu beugen, bedeutet: Sie dominieren den Hund, Sie stellen sich über ihn, so wie beim Kontakt zweier Hunde einer seine Vorderpfote auf den Schulterbereich des anderen legt. Manchmal ist dies auch mit Runterdrücken gekoppelt. Oft folgt dann das Aufspringen. Dieses Dominieren bzw. Demonstrieren der Überlegenheit gefällt nicht jedem Hund und es kann Gegenwehr auslösen.
- Versuchen Sie nie, einem fremden Hund die Hand auf den Rücken zu legen. Dies ist wieder ein Ausdruck von Dominanz. Warum sollte sich ein fremder Hund dies

gefallen lassen? Meist kommt es zu aggressiver Gegenwehr.

- Suchen Sie nie direkten Blickkontakt zu einem fremden Hund und starren Sie ihm nicht in die Augen – dies kann bei Hunden einen Angriff und eine Auseinandersetzung auslösen.

## Spielen und Spielregeln

Für das problemlose Zusammenleben mit einem Hund sollten wir Menschen einige Spielregeln aus dem Bereich der Hundeartigen (Caniden) beherrschen:

Wölfe ernähren sich in der Regel durch Jagd in der Rudel-Gemeinschaft. Sie leben bis auf einige Ausnahmen (ältere Einzelrüden) überwiegend sozial. Das soziale Zusammenleben, also Aufeinander-Eingehen und gemeinsame Leben hat Spielregeln, an die sich jedes Gruppenmitglied halten sollte. Dazu gehören:

Sozialspiele mit entsprechenden Signalen, wie Spielaufforderung, bestimmte mimische Signale, Körperhaltung und -stellung, Laute etc. zu beginnen. Dies muss im »Rudel = Familie = soziale Gruppe« beachtet und beherrscht werden. Durch agonistische (gegen ein anderes Lebewesen gerichtete) Signale wird angezeigt, dass ein Hund jetzt ein Spiel beenden will oder es sonst »Ernst« werden könnte. (Mehr dazu lesen Sie im Kapitel »Kommunikation des Haushundes«.)

Es herrscht spielerisches Fairplay. Ranghöhere Adulte (erwachsene Tiere) übernehmen spielerisch Rollen im Umgang und Spiel mit Welpen.

Wölfe haben also Kommunikationsformen und –arten, mimische Signale, Körpersprache und Lautäußerungen (wobei Wölfe das Bellen mit den vielen Modulationsarten des Hundes nicht beherrschen) entwickelt. Die Kommunikation ist ritualisiert und zeigt die Möglichkeiten und Grenzen des sozialen Verhaltens auf. Alle diese Verhaltensweisen sind bei unseren Haushunden je nach Rasse (beeinflusst durch Züchter und Haltung) unterschiedlich stark ausgeprägt. Welpen, die ohne ihre Mutter und Kontakt zu anderen Hunden aufwachsen, können die oben erwähnten sozialen Verhaltensweisen nicht zeigen. Sie werden während der im Kapitel »Grundwissen zu Aufzucht, Lernverhalten und Haltung« schon erwähnten »sensiblen Phase« nicht hundegemäß geprägt.

Spielen ist für Welpen so wichtig, weil es ein frühes Einüben von Handlungen für das spätere Leben ist.

Spielen ist für Hundewelpen:
- Heranführen an die Wirklichkeit
- Erregen und Befriedigen der Neugier
- Einüben von Situationen
- Lernen von Fertigkeiten

Damit dieses spielerische Lernen nicht nur zusammen mit dem Muttertier und mit den Geschwistern geschieht, ist es wichtig, dass Sie sich bei Anschaffung eines Welpen nach einer Eingewöhnungszeit von ein bis zwei Wochen in Welpengruppen bei guten, erfahrenen (nach D.O.Q.-Test PRO oder BHV zertifizierten) Hundetrainern anmelden, um mit dem spielerischen Lernen fortfahren zu können.

In einer Welpengruppe wird nicht nur gespielt, sondern gelernt, wie man sich, wenn man älter wird, anderen Hunden, anderen Tieren und Menschen unterschiedlichen Alters und Geschlechts nähert und mit ihnen Kontakt aufnimmt.

Unsere Hunde behalten ihr Spielverhalten lebenslänglich bei. Sie spielen mit Gegenständen, Personen und anderen Sozialpartnern. Mit dem Maul und den Pfoten werden neue Gegenstände untersucht, spielerisch bewegt und benagt. Je älter Junghunde werden, desto mehr überwiegen Raufspiele und Verfolgungen zum Einüben jagdlicher Aktivitäten. Spiel lässt Angst und Aggressionen vergessen bzw. hilft, sie besser abzubauen.

Je mehr Junghunde »gehändelt« werden (Hautkontakt zum Menschen haben) und ihre Menschen mit ihnen spielen, desto freudiger spielen später die erwachsenen Hunde. Jeder Hund spielt – sein Mensch muss nur die richtigen Spiele mit ihm spielen.

## Nervensystem und Lernen

Das Lernen beginnt schon ab dem Moment der Geburt. Das Nervensystem beginnt mit der Koordination der Motorik, den Emotionen, den Wahrnehmungen und Reaktion – dem gesamten Verhalten.

Das Zentralnervensystem (ZNS) setzt sich zusammen aus dem Gehirn und dem Rückenmark.

Daran schließt sich das periphere Nervensystem an. Über die »Leitungen« des peripheren Nervensystems – Nervenzellen mit Verzweigungen – werden Informationen vom ZNS an den restlichen Körper weitergegeben. Man unterscheidet Nervenzellen, die schnell leiten (ca. 120 m/Sek.) und langsame Nervenleitungen. Die schnellen Nervenleitungen tragen u.a. die Information aus der Peripherie des Körpers zum Gehirn. Sie übertragen dann die Rückantworten (= Kommandos) an die Muskeln zur Aktion, z. B. »Gehen«.

Die langsamen Nervenleitungen leiten mit einer Geschwindigkeit von ca. 1 m/Sek. und sind unter anderem für die Steuerung des vegetativen Nervensystems zuständig. Langsame und schnelle Nervenzellen unterscheiden sich in ihrer Anatomie: Die langsamen sind »nackt«, die schnellen sind von einer Myelinscheide umgeben. Diese Hülle ist aber nicht von Anfang an vorhanden.

Hundewelpen, wie alle anderen Jungsäuger, werden mit nackten Nervenzellen geboren. Im Laufe der ersten zwei Lebenswochen werden die Nervenzellen im Bereich des abführenden Fortsatzes (= Axon) mit der Myelinscheide umhüllt. Die Myelinumhüllung beginnt am Austritt der Nerven aus dem ZNS. Je näher am Kopf, desto eher beginnt die Umhüllung. Hundewelpen werden immer zuerst mit den Vorderbeinen aktiv, da die Axone der Nervenzellen, die die Motorik der Vorderbeine steuern, eher umhüllt und damit eher leistungsfähig sind, als die der Hinterbeine. Die immer besser werdenden motorischen Fähigkeiten der Welpen belegen dieses »Wachsen« der Myelinscheide. Das ZNS differenziert sich in dieser Zeit immer stärker aus.

Die Grundprinzipien des Lernens sind von Anfang immer gleich und verlaufen in einem Regelkreis aus Motivation – Appetenz – Endhandlung – Erlöschen der Motivation. Am Beispiel des Saugens bei einem ganz jungen Welpen lässt sich das sehr schön sehen:

Der Hunger ist die Motivation das Suchen und Aufsuchen der Zitze die Appetenz, das Saugen die Endhandlung. Die Sättigung ist das Erlöschen der Motivation.

Damit ein Welpe sich normal entwickeln kann, muss er diese einzelnen Komponenten immer wieder durchlaufen. Das bedeutet zum Beispiel auch: Wer seinen Welpen eine immer optimale und schwankungsfreie Umgebungstemperatur bietet, reduziert ihre spätere Fähigkeit, selber Temperatur-(Thermo-)regulation betreiben zu können. Deshalb nur in Ausnahmefällen eine Rotlichtlampe über der Wurfkiste!

Jedes Individuum kommt mit einer bestimmten Anzahl von Neuronen (= Nervenzellen) im Gehirn auf die Welt. Heute wissen wir, dass sich die Neuronen im Gehirn unter bestimmten Umständen teilen können, dass sich Gehirngewebe also regenerieren kann.

In der sensiblen Phase unserer Welpen läuft kein Regenerieren des Gewebes ab, sondern Wachstum durch Vernetzung der Zellen untereinander. Je mehr Neuronen vernetzt sind, desto leistungsfähiger sind Gehirn und Organismus. Der Hund kann besser lernen. Er kommt mit Umweltreizen besser zurecht und ist variabler in seinem Verhalten. Er kann sich gut auf wechselnde Lebensbedingungen und Stress jeder Art einstellen. Je mehr Umweltreize der Welpe in der sensiblen Phase kennenlernt und verarbeitet, desto mehr Synapsen werden ausgebildet.

Die Differenzierung des ZNS bedeutet, dass im Gehirn mehr und mehr Bereiche zur Erledigung verschiedenster Aufgaben festgelegt werden. Die Neurotransmittersysteme werden kalibriert. Neurotransmitter sind die chemischen Botenstoffe, die an den Nervensynapsen die Weiterleitung der Information von einem Neuron zum nächsten übernehmen bzw. beschleunigen. Bis zur 12. Lebenswoche wächst ein Organismus heran, der mit seiner Umwelt in Kontakt steht, auf diese Umwelt reagieren und in ihr agieren kann. Der seine Emotionen unter Kontrolle hat, nicht alles beißt, was ihm vor die Schnauze kommt. Der aus seinen Erfahrungen lernen kann.

Deshalb ist es wichtig, dass Welpen nicht nur in Zwingerhaltung aufwachsen, denn dort haben sie keine oder kaum Möglichkeiten zur Sozialisation und Habituation. Diese Defizite sind nur schwer wieder zu beheben.

Die Qualität und Quantität der in der Sozialisationsphase erfahrenen Umwelteindrücke bilden das Referenzsystem für alle späteren Entscheidungen im Leben dieses Hundes. Wechselnde und neue Erfahrungen stärken die Frustrationstoleranz der Welpen.

Der Wolf lebt(e) in einer reizärmeren Umwelt. Unsere Haushunde haben häufig Probleme durch Reizüberflutung.

 Was Hund »Hänschen« nicht lernt, lernt Hund »Hans« schwerer.

## Warum Welpen andere Hunde brauchen

Wir haben bereites im ersten Kapitel dieses Buches gesehen, dass es keinen generellen »Welpenschutz« gibt. In einem Wolfs- oder anderen Caniden-(Hundeartige)rudel ist nur der Welpenschutz der eigenen Welpen wichtig, da sie die Weitergabe der eigenen Gene sichern. Welpen eines anderen Rudels haben keinen Schutz, sondern sind möglicherweise sogar Beutetiere, die gejagt und gefressen werden können. Welpen müssen deshalb zum Überleben lernen

- Demut zu zeigen (= Submissives Verhalten)
- demütige und sich unterwerfende Andere in Ruhe zu lassen und nicht weiter zu attackieren
- dass man nicht jeden ungestraft beißen darf – die Beißhemmung wird erlernt, sie ist nicht angeboren.

Welpen werden, wenn sie sich nicht an die Regeln des Rudels halten, von den älteren Tieren streng gemaßregelt. In Welpengruppen können Welpen und Junghunde dieses Wissen weiter ausbauen und trainieren. Bei schlechten »Züchtern« bzw. bewusstem Meiden von Hundekontakten geht sowohl bei den Junghunden als auch bei älteren Hunden die Fähigkeit der freundlichen, unterwürfigen Annäherung verloren. Jeder sich nähernde Hund wird dann angekläfft und mit zunehmendem Alter ist der isoliert aufgewachsene Hund immer weniger bereit, auf andere Hunde und Lebewesen Rücksicht zu nehmen.

 Hunde brauchen Hunde. Aber nicht jeder Hund muss jeden Hund mögen!

Hundewelpen, die auf der Straße oder im Park auf andere Hunde treffen, sollten durch ihre Körpersprache Unterwerfungsbereitschaft signalisieren und hoffen, dass der andere Hund so viel soziale Erfahrungen hat, um diese Unterwerfung zu erkennen und zu akzeptieren. Bei der heutigen Massenvermehrung von Hunden ist dies leider nicht selbstverständlich.

Welpen sollten von ihrem Muttertier und am besten auch vom Vatertier lernen, wie man andere Hunde anspielt, wie man sich ihnen unterordnet. Beim endgültigen Besitzer müssen sie diese Erfahrungen immer wieder spielerisch auffrischen. Welpengruppen sollten unterschiedliche Rassen, aber enge Altersgruppen umfassen, sonst werden die Jüngeren von viel Älteren gemobbt. Es ist wichtig, immer auch erfahrene erwachsene Hunde in solche Gruppen zu bringen, damit diese die Umgangsformen der Welpen »überprüfen und korrigieren«.

Nur die in Theorie und Praxis des Lehrens und Ausbildens besten Hundetrainer sollten Welpengruppen leiten.

In Welpengruppen lernen die Welpen und ihre Besitzer miteinander. Sie achten auf ihre Körpersprache und lernen sie zu »lesen«. Sie bewegen sich in immer wiederkehrendem Blickkontakt. Beide bauen Bindungen auf und vertiefen sie.

Die Besitzer sollten immer wieder daran erinnert werden, dass ihre Welpen für gelungene Aktionen belohnt werden müssen. Sie lernen, dass Belohnung nicht nur Futter ist, sondern auch Zuwendung, Streicheln und Liebkosen, stimmliche Bestätigung etc. Dies löst beim Welpen/Junghund den erstrebenswerten Blickkontakt und den Eifer »Was kann ich für dich tun?« aus.

Neben Welpengruppen, Junghundegruppen und später Gruppen von erwachsenen Hunden in denen gemeinsam gearbeitet, gespielt und Sport getrieben wird, muss der Welpen- und Junghundebesitzer täglich allein mit seinem Tier alte Übungen wiederholen und neue lernen. Zusammen mit seinem Mensch entwickelt der Welpe Vorgehensstrategien und -taktiken.

So gelingt es unseren Hunden, sich zusammen mit ihren Menschen an die sich wandelnde Umwelt anzupassen, ohne Menschen, Hunde und andere Tiere und sich selbst zu gefährden oder zu belästigen.

Welpen und Junghunde müssen Zeit haben, um das gesamte Lebensumfeld ihrer Menschen zu erkunden und zu bewältigen. Wenn sie keine Treppen kennen oder die Stufen offen sind, sodass zwischendurch geschaut werden kann oder Holztreppen zu glatt sind, brauchen sie Hilfe. In den ersten Tagen müssen sie dann auf dem Arm hochgetragen und dann stufenweise langsam daran gewöhnt werden.

## Ein Zweithund?

Dafür, ob die Anschaffung eines zweiten Hundes eine gute Idee ist oder nicht, gibt es keine allgemein gültigen Regeln, aber folgende Fragen sollte man sich selbst stellen:

• Kann ich es mir finanziell leisten, denn die Futter-, Tierarzt-, Versicherungs-, Pflegekosten und die Hundesteuer verdoppeln sich jetzt?
• Ist mein Umfeld (Vermieter, Familie, Mitbewohner) damit einverstanden?
• Bin ich bereit, mehr Erziehungs- und Ausbildungsarbeit zu leisten?

Bedenken Sie außerdem: Ein weiterer Hund sollte bei Fehlverhalten des ersten nicht als Therapieersatz angeschafft werden. Jedes Verhalten ist lernbar! Dann haben Sie möglicherweise anstelle eines ängstlichen, aggressiven, kläffenden Hundes nun zwei oder mehrere ängstliche, aggressive, kläffende Hunde!

Wenn die Voraussetzungen stimmen und die beiden Hunde gut zusammenpassen, hat Ihr Hund immer einen Sozialpartner an seiner Seite und sein Leben verläuft ausgeglichener und artgerechter.

Wenn Sie einen Rüden und eine Hündin zusammen halten, können Sie
- den Rüden bei der Hitze räumlich von der Hündin zu trennen versuchen. Sehr schwierig.
- die Läufigkeit der Hündin per Medikament (Antibabyspritze) unterdrücken.
- den Rüden per Injektion für vier Wochen oder per Implantat für sechs Monate »kastrieren«.
- den Rüden kastrieren und bei der Hündin wird neben der Kastration noch die Gebärmutter (der Uterus) entfernt (Ovariohysterektomie).

# Tipps zur Hundeerziehung

## Grundkommandos und andere Lernziele:
Die drei wichtigsten Kommandos, die jeder Hund beherrschen sollte, sind:

SITZ – sollte Ihr Hund schon als Welpe lernen. Immer wenn Sie sehen, dass er sich setzen möchte, sagen Sie SITZ und belohnen ihn. Falls das allein nicht ausreicht:

Mit einem Leckerli in der Hand über die Nase des Hundes nach hinten gehen und SITZ sagen. Um das Leckerli zu bekommen, wird der Hund nach hinten gehen und sich setzen. Jetzt bekommt er das Leckerli und wird stimmlich belohnt.

KOMM – Ihr Hund läuft auf Sie zu, Sie gehen in die Hocke, rufen KOMM und belohnen ihn, wenn er bei Ihnen ist. Oder Sie nutzen eine Schleppleine zum langsamen Heranholen und belohnen ihn, wenn er bei Ihnen ist.

Laufen Sie Ihrem Hund nie hinterher, wenn er nicht kommen will. Er ist immer schneller als Sie und wird das Nachlaufen als Spiel auffassen. Sie wissen ja schon: Kommandos werden immer nur einmal gegeben und nicht wiederholt. Funktionieren sie nicht, müssen Sie eine Alternative parat haben. In unserem Fall (Hund kommt nicht auf Zuruf): Drehen Sie sich abrupt um, gehen Sie zurück und verstecken sich wenn möglich hinter einem Baum. Ihr Welpe/Junghund/Hund wird Sie suchen und Kontakt mit Ihnen aufnehmen. Denken Sie aber immer an das Timing! Neben Verstecken können Sie sich auch, wenn Ihr Hund in Ihre Richtung schaut, abrupt umdrehen und schnell in die entgegengesetzte Richtung weglaufen.

Können Sie den Rückruf Ihres Hundes nicht allein erfolgreich trainieren, sollten Sie mit Ihrem Hund einen Kurs bei einer nach D.O.Q.-Test PRO zertifizierten Hundeschule besuchen.

**BEI FUSS** – Sie nehmen ihn an die Leine und gehen los. Immer wenn er neben Ihnen läuft, sagen Sie BEI FUSS und loben ihn. Oder Sie benutzen einen Gentle-Leader® oder ein Halti®.

Nehmen wir an, Ihr Hund soll später im Zwinger leben. Dann gewöhnen Sie ihn schrittweise, mit immer größerer Verweildauer allein im Zwinger daran (wie das Training für das Alleinbleiben in der Wohnung). Der Zwinger muss gesetzlichen Vorschriften entsprechen: Er muss mindestens sechs Quadratmeter groß sein, der Hundegröße angepasst, teilweise überdacht sein und einen kälteisolierten, regensicheren Rückzugsraum haben. Der Hund darf nicht den ganzen Tag im Zwinger eingesperrt sein, sondern muss frei laufen und mit seinen Sozialpartnern (also Ihnen) außerhalb freien Kontakt haben, toben, spielen und mit Ihnen Spaziergänge machen können.

## Einige Hilfsmittel zur Erziehung:

Kopfhalfter wie Gentle-Leader®, Halti® etc. erleichtern dem Besitzer die Erziehung zum Bei-Fuß-Gehen. Sie ermöglichen ein besseres Lenken, Kontrollieren und verstärken die Einwirkung auf den Hund.

Ein leinenführiger Hund geht an der Leine neben seinem Besitzer mit leicht durchhängender Leine und reagiert auf jede kleine Zugveränderung.

Reißen Sie nie an der Leine oder treten etwa im Versuch, den Hund ins SITZ zu bringen, gleichzeitig mit dem Kommando auf die Leine!. Das führt häufig zu Verletzungen im Halswirbelsäulenbereich und bedeutet Stress für den Hund. Häufig hat

*Gentle-Leader®*

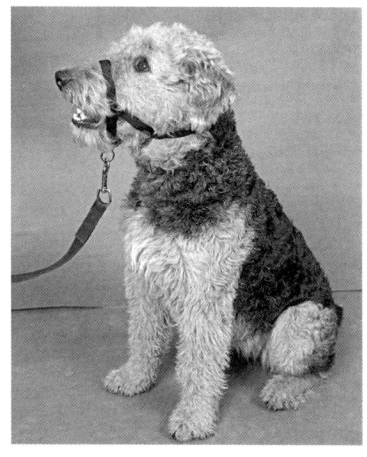
*Halti®*

sich aus dem Ziehen an der Leine ein »Zweikampf« mit Herrchen/Frauchen entwickelt. Jeder zieht an seinem Ende der Leine und das Schimpfen empfinden die meisten Hunde als stimmliche Belohnung ihres Verhaltens – Ziehen macht mir Spaß, sagt der Mensch!

In letzter Zeit werden viele Hunde, die an der Leine ziehen und dabei durch den Druck des Halsbandes in der Region des Kehlkopfes röcheln, weil ihnen die Luft abgedrückt wird, mit einem Brustgeschirr geführt. Dies verbessert leider nicht die Leinenführigkeit des Hundes, wohl aber seine Möglichkeiten, noch mehr und effektiver zu ziehen. Er kann sich nun mit seinem ganzen Körpergewicht in das Brustgeschirr legen und seine gesammelte Kraft einsetzen – zum Nachteil für Armmuskulatur und Hand-, Ellenbogen- und/oder Schultergelenk des Besitzers. Pferde haben ein Brustgeschirr, damit sie besser einen Wagen ziehen können, aber zusätzlich ein Kopfhalfter, an dem sie gelenkt und angehalten werden können. Einige Besitzer benutzen das Brustgeschirr bei kleinen Rassen als Halte- und Tragegestell, um sie besser und schneller auf den Arm nehmen zu können.

Bei einem Hund, der stark an der Leine zieht, ist eine gute Alternative: Zusätzlich zum Brustgeschirr oder breiten Leder-/Kunststoffhalsband (kein Würgehalsband!) bekommt der Hund ein Kopfhalfter (Gentle-Leader® oder Halti®). Hiermit kann das Leinenziehen genau nach Gebrauchsanleitung sinnvoll angegangen werden. Wichtig ist, dass Sie sich von einem guten Hundetrainer im Gebrauch dieser Hilfsmittel instruieren lassen und es nicht aufs Geradewohl selbst versuchen!

### Training zum Anlegen eines Kopfhalfters

Benutzen Sie für die Gewöhnung an das Kopfhalfter nur angenehme, entspannte Situationen im Laufe des Tages, um Ihren Hund mit seinem neuen tollen Halsband in der gewohnten Umgebung vertraut zu machen.

### 1. Phase

Zeigen Sie ihm das Kopfhalfter vor jedem Spaziergang, bevor Sie ihn füttern, mit ihm spielen oder schmusen. Wenn er Interesse zeigt und es beschnuppern und untersuchen will, loben Sie ihn und geben einen Leckerbissen. Machen Sie mehrere Übungen am Tag.

### 2. Phase

Lassen Sie Ihren Hund durch das Kopfhalfter hindurch Leckerbissen nehmen. Und zwar die leckersten, die Sie beide kennen! Legen Sie das Kopfhalfter so an, dass am Halsriemen Ihr Zeigefinger und am Maulriemen Ihr kleiner Finger knapp darunter passt. Geben Sie nun bei jeder Übung wieder einen kleinsten Leckerbissen durch das Kopfgeschirr. Lassen Sie den Hund durch das Kopfhalfter, das Sie dabei in der Hand halten, aus Ihrer Hand sein tägliches Futter fressen. Wiederholen Sie diese Übung mehrmals täglich und so oft, bis der Hund seine Nase gerne hineinsteckt.

### 3. Phase

Sobald der Hund in aller Ruhe die Belohnung und sein Futter durch das Kopfgeschirr nimmt, können Sie es für längere Zeit in der Wohnung/Garten anlegen. Loben Sie den Hund, wenn er ruhig dabei bleibt. Nehmen Sie es nach etwa zehn Sekunden wieder ab. Sofort loben! Wiederholen Sie diese Übung mehrfach täglich. Immer abnehmen und nach kurzer Zeit wieder aufsetzen.

Falls der Hund versucht, das Kopfhalfter mit seinen Vorderpfoten abzustreifen, schimpfen Sie nicht und reden Sie auch nicht bedauernd auf ihn ein. Besser ist ein kurzer Zug am Nasenriemen, schon kommt der Kopf hoch und Sie können ihn belohnen! Eventuell müssen Sie die Innenkrallen an den Vorderpfoten in den ersten Tagen umwickeln/tapen, damit es keine Verletzungen gibt.

### 4. Phase

Dehnen Sie die Zeit aus, bis Sie das Kopfgeschirr wieder abnehmen. Nach dem Abnehmen loben Sie den Hund, geben Sie eine Belohnung und setzen es wieder auf. Machen Sie jeweils drei bis vier Übungen nacheinander. Wiederholen Sie das häufig am Tag. Befestigen Sie jetzt die Leine (keine Spulleine) am Kopfgeschirr und gehen damit durch die Wohnung, ohne zu ziehen. Sollte Ihr Hund ziehen, halten Sie die Leine so lang und fest wie immer, Ihr Hund bekommt nun durch das Kopfgeschirr seine Nase nach unten gezogen. Er »stellt sich wie ein Pferd an den Zügel«. Es wird für ihn unbequem, er geht zurück, und – landet neben Ihrem Bein! Jetzt loben Sie »Braver Xaver, schön wie du bei Fuß gehst!« stimmlich und streicheln ihn. Dieses Lob bitte nie vergessen!

Üben Sie erst dann auf Spaziergängen draußen, wenn Ihr Hund das Kopfhalfter mindestens zehn Minuten zu Hause in der Wohnung toleriert, ohne es sich mit den Pfoten abstreifen zu wollen. Bei Spaziergängen laufen Sie jeweils ein Stück mit dem Kopfgeschirr, bevor Sie Ihren Hund wieder an das normale Halsband nehmen, welches er jetzt immer zusätzlich trägt.

Das Kopfgeschirr bleibt um. Vergessen Sie auch auf Spaziergängen das Lob nicht, wenn der Hund bei Fuß geht.

### 5. Phase

Jetzt sollte Ihr Hund das Kopfgeschirr mehrmals täglich für einige Minuten zu Hause tragen – zum Beispiel, bevor Sie ihn füttern (während der Zubereitungszeit) und jedes Mal, wenn Sie mit ihm zum Spaziergang aufbrechen. Wechseln Sie bei den Spaziergängen vom Kopfgeschirr nach immer länger werdenden Zeiten auf das normale Halsband. Am besten sind Leinen mit zwei Karabinerhaken. Ein Ende haken Sie am normalen Halsband ein und das andere am Kopfgeschirr. Jetzt wechseln Sie das

Halten ab – mal am normalen Halsband, mal am Kopfgeschirr. Ihr Hund wird so auch am normalen Halsband bei Fuß gehen. Verlassen Sie aber auch in Zukunft das Haus bitte nie ohne das Kopfhalfter.

Während des Spaziergangs wechseln Sie mehrfach auf das normale Halsband und zurück zum Kopfhalfter. Dehnen Sie nach dem obigen Schema die Tragezeiten weiter aus. Wenn der Hund das Kopfhalfter problemlos eine Stunde lang trägt, ist die Gewöhnung abgeschlossen. Einige Hunde brauchen das Kopfhalfter immer und müssen ständig daran geführt werden.

Es ist wie vieles eine Frage des Trainings, der Gewöhnung und der Konsequenz.

Voraussetzung für eine erfolgreiche Gewöhnung an das Kopfhalfter ist, dass Sie es nicht zu fest angelegt haben.

Beim Gentle-Leader® gibt es zwei Vorteile gegenüber dem Halti®:

Erstens: Die Nase wird wie beim Am-Zügel-Reiten des Pferdes nach unten in Richtung Brustkorb gezogen und erschwert das Ziehen an der Leine. Der Hund geht automatisch zurück, neben seinen Besitzer und sollte sofort dafür gelobt werden! Beim Halti® werden Kopf und Hals zur Seite gebogen, nicht nach unten.

Zweitens: Der Maulriemen kann so lose angelegt werden, dass der Hund damit ungestört hecheln, Stöckchen tragen und Leckerbissen nehmen kann.

### Beiß- oder Maulkörbe

Für die Gewöhnung an Maulkörbe gelten die gleichen Regeln wie für die Gewöhnung ans Kopfhalfter. Sie müssen immer schrittweise mit positiver Verstärkung durch Leckerlis, die es nur noch im Beißkorb gibt, auftrainiert werden. Wird ein Beißkorb mit Zwang übergestülpt, löst das Stress und im schlimmsten Fall Angst aus. Aus Angst kann dann um sich gebissen werden.

## Hilfsmittel, die nicht benutzt werden sollten bzw. verboten sind:

- Stachelhalsbänder und Metallwürger – der Einsatz ist vom Tierschutzgesetz verboten (siehe »Hund und Recht«). Außerdem verursachen sie Schmerzen im Halsbereich und es kann zu Verletzungen im Halsbereich, an der Haut und Wirbelsäule kommen. Die Schmerzen erzeugen außerdem Stress, und dieser wiederum verschlechtert die Ausbildung und das Lernen.

- Elektro-Reizgeräte (Teletakt) sind verboten, nur Jäger und Diensthundeführer nach besonderer Schulung dürfen sie ausnahmsweise benutzen.

- Anti-Bell-Halsbänder – das Versprühen von Zitronenölkonzentrat wird durch Bellen, aber auch das Bellen anderer Hunde, Händeklatschen, Husten etc. in der Umgebung des Hundes ausgelöst. Bellen ist normale Kommunikation und muss abtrainiert oder umgeleitet, sollte aber nie bestraft werden.

  Außerdem sprüht das Konzentrat bis in die Augen des Hundes (Verletzungsgefahr).

- Ultraschallhalsbänder und -zäune: Ultraschall wird von uns nicht gehört, ist aber für den Hund schmerzhaft, da er ihn hört. Nicht umsonst müssen wir Tierärzte Hunde, denen wir Zahnstein mit Ultraschall entfernen, narkotisieren!
- Anti-Zug-Geschirre, z. B. »Gentle-Dog«® die sich bei Zug unter den Achseln verengen. Diese Führgeschirre verursachen im Achselbereich Haut- und Muskulaturverletzungen. Hier besteht neben dem Stress, der durch den Schmerz ausgelöst wird und das Lernen behindert, noch eine Infektionsgefahr der Verletzungen.

## Andere Erziehungsthemen

### Stubenreinheit

Der Welpe/Junghund sollte durch Beobachtung, Konsequenz und mit Belohnung zur Stubenreinheit erzogen werden. Er sollte lernen, auf wechselnden Untergründen und in wechselnden Umgebungen Kot und Urin abzusetzen. Bauen Sie bitte aus Bequemlichkeit dem Welpen und sich selbst keine Eselsbrücken wie etwa »Bis er groß ist, darf er auf speziell ausgelegter Zeitung/Pappe Kot und Urin absetzen.« Es wird schwieriger, ihm das wieder abzutrainieren, als ihn gleich von Anfang an richtiges Melden und Rausgehen zu gewöhnen. Außerdem wird der Welpe/Junghund jede Zeitung, die durch den Briefschlitz kommt oder herumliegt, dann auch als geeignete Unterlage ansehen!

### Training zum Alleinebleiben

Ihr Welpe/Junghund/Hund muss lernen, allein zu bleiben. Als Rudeltier hat er davor Angst. Alleinsein bedeutet, keinen Schutz durch das Rudel und weniger Jagderfolge zu haben, also die Gefahr, zu verhungern. Beim Züchter war der Welpe immer mit der Mutter oder Geschwistern zusammen, deshalb müssen Sie ihm das Alleinbleiben schrittweise beibringen und jeden Einzelschritt belohnen. Dafür ist eine gute Hundeschule hilfreich.

Keinesfalls dürfen Sie, wenn Sie nach Ihrer Abwesenheit in die Wohnung zurückkommen und der Hund etwas zerstört hat, den Hund bestrafen. Denken Sie an die ein bis zwei Sekunden! Sie müssen jetzt gemeinsam daran arbeiten. Trauen Sie es sich nicht allein zu, dann suchen Sie einen verhaltenstherapeutisch tätigen Tierarzt (je nach Bundesland Fachtierarzt für Verhaltenskunde oder Tierarzt mit der Zusatzbezeichnung Verhaltenstherapie) auf, denn es muss vor Beginn des Trainings erst ausgeschlossen werden, dass eine Erkrankung Ursache für dieses Verhalten ist.

Wenn Sie aus der Wohnung gehen und Ihr Hund bellt oder heult, will er Ihnen mitteilen, dass er Angst vor dem Alleinsein hat. Ihn dafür zu bestrafen, wäre sinnlos. Warten Sie besser draußen vor der Tür einen Moment ab, in dem er nicht bellt, gehen dann in diesem Moment der Ruhe wieder hinein und belohnen ihn. Auf diese Weise können Sie die Dauer Ihrer Abwesenheit allmählich schrittweise steigern.

## Training gegen das Anspringen

Hunde, die an Menschen hochspringen, wollen Aufmerksamkeit.

Beim Wildhund wird beim Anspringen des Muttertieres vom Welpen Futter (die Hündin soll Futter auswürgen) und Aufmerksamkeit eingefordert. Die Mutter geht entweder darauf ein oder wendet sich ab und ignoriert den Welpen. Genau dies sollten auch Sie bei Welpen/Junghunden/Hunden tun, die Sie anspringen. Kein Blickkontakt. Drehen Sie sich um bzw. drehen Sie das Gesicht weg und ignorieren Sie den Hund mindestens 30 Minuten lang! Nur so können Sie verhindern, dass Sie, Ihr Besuch oder draußen Fremde angesprungen werden. Weder Sie noch andere möchten von Hunden (mit dreckigen Pfoten) angesprungen werden.

## Hunde aus dem Tierheim

Nehmen wir an, Sie haben sich einen Hund aus einem Tierheim geholt und wissen nicht, wie er sich verhält. Ich empfehle, ihn während der ersten vier bis sechs Wochen an der Leine zu halten, die mit der Zeit immer länger wird. Nähern Sie sich so mit ihm zusammen allem Neuen, für ihn vielleicht Unbekanntem. Beginnen Sie dann langsam mit dem Training für KOMM, SITZ, PLATZ und BEI FUSS.

Übern Sie das KOMM an einer langen Schleppleine, damit Sie ihn immer unter Kontrolle haben. Den ersten Freilauf bekommt er nur auf Ihrem Grundstück oder gut eingezäunten Bereichen.

Bei einem Hund aus dem Tierheim achten Sie bitte bei Annäherung von anderen Menschen (Kindern und Erwachsenen) und Tieren besonders gut darauf, dass Sie ihn an der kurzen Leine gut unter Kontrolle haben. Versuchen Sie, die Aufmerksamkeit Ihres Hundes auf sich zu lenken und ihn SITZ oder PLATZ ausführen zu lassen. Ohne Zwang – aber belohnen Sie ihn, wenn er es tut! Falls Ihnen im Tierheim gesagt wurde, dass der Hund keine Kinder, Frauen oder Männer etc. mag, sind Sie bitte besonders vorsichtig und entfernen sich lieber.

# Richtiges Strafen und Loben

Ein Reiz (Stimulus) wird mit einer Reaktion in Verbindung gebracht.

Der Reiz tritt mit einer gewissen Regelmäßigkeit und Häufigkeit auf; es erfolgt immer die gleiche Reaktion. Reiz und Reaktion bilden ein Paar. Sie werden miteinander verknüpft (assoziiert). Die Zeit zwischen Reiz und Reaktion beträgt ein bis zwei Sekunden – die sogenannte Assoziationszeit. Wenn diese Verknüpfungen, oder Pärchenbildungen, häufig, sprich regelmäßig wiederkehren, reicht bald das Auftreten des einen Teils des Pärchens aus, um den anderen Teil zu reproduzieren. Im wissenschaftlichen Sprachgebrauch wird diese Pärchenbildung Konditionieren genannt. Pawlow (1849 - 1936), Professor für Militärmedizin in Sankt Petersburg, entdeckte dies bei einer physiologischen Forschungsarbeit über Speichel- und Magensaftsekretion.

**Richtige Strafen:**

- <u>Ignorieren</u> ist die wichtigste Strafe in der Canidenwelt. Uns Menschen fällt es leider eher schwer, diese Art der Strafe zu verstehen, anzuwenden und durchzuhalten.
- <u>Über den Fang fassen</u> (wenn es sich der Besitzer bei dem eigenen Hund zutraut, denn es könnte zur Gegenwehr des Hundes kommen).
- <u>Herunterdrücken im Schulterbereich</u> (auch hier kann es zur Gegenwehr kommen).
- Leichtes <u>Drücken über dem Becken</u>, um den Hund ins Sitz zu bringen.

Nach Liebermann (1993) wird bei der Strafe ein Verhalten durch einen Stimulus abgebrochen und das Wiederauftreten des unerwünschten Verhaltens soll verhindert werden.

Strafen Sie Ihren Hund nur, wenn Sie ihn direkt dabei erwischen, wie er etwas falsch macht. Sie haben ein bis zwei Sekunden Zeit (die Assoziationszeit), damit Ihr Hund sein Fehlverhalten mit Ihrer Strafe verknüpfen und einen Zusammenhang erkennen kann!

Kommt Ihre Strafe später, bestrafen Sie Ihren Hund für richtiges Verhalten!

<u>Beispiele:</u>

- Sie waren kurz einkaufen und in der Zeit Ihrer Abwesenheit hat Ihr Hund Kot bzw. Urin oder beides in der Wohnung abgesetzt. Sie strafen ihn durch Schläge mit der Zeitung oder indem Sie ihn mit der Nase hineindrücken, wenn er Sie freudig begrüßen kommt. Damit strafen Sie Ihren Hund für sein freudiges Begrüßen, da der Kot- bzw. Urinabsatz ganz sicher schon mehr als zwei Sekunden zurück liegt. Geschieht dies mehrmals, wird er, wenn Sie heimkommen, nicht mehr zur Begrüßung kommen, sondern sich verstecken. Sie interpretieren dann dieses Abstandhalten, Kleinmachen und Demut zeigen vielleicht als schlechtes Gewissen, weil er etwas falsch gemacht hat. Das stimmt nicht!

- Sie gehen mit Ihrem Hund spazieren und er wird durch Gerüche oder Spuren angelockt und läuft trotz Ihres Rufens, Pfeifens etc. weg und kommt erst nach einiger Zeit wieder. Sie schimpfen mit ihm, schlagen ihn eventuell. Sie strafen Ihren Hund jetzt aber nicht für das Weglaufen (denken Sie an die zwei Sekunden), sondern für das Wiederkommen! Bei mehrmaligem Wiederholen überlegt sich Ihr Hund, ob er beim Zurückkommen überhaupt in Ihre Nähe kommt oder einen »Sicherheitsabstand« hält. Außerdem zeigt das, dass Ihre Kommunikation mit Ihrem Hund, Ihre Kommandos nicht richtig trainiert sind. Daran sollten <u>Sie</u> arbeiten!

### Falsche Strafen:

- <u>Nackenschütteln.</u> Oft wird behauptet, damit würde man das Verhalten einer Hündin nachahmen, die ihre Welpen so am Nacken packen würde. Der »Nackengriff« des Muttertieres hat aber eine ganz andere Absicht – hier wird der gesamte Vorderkörper des Welpen von der Mutter zum Transport von einem Ort zum anderen benutzt. Er löst eine Tragestarre aus, wodurch Verletzungen vermieden werden.

  Ansonsten erfolgen Nackengriff und Nackenschütteln bei Hunden nur im Ernstkampf: Man versucht, sich gegenseitig am Nacken herunterzudrücken, um dann die Kehle des Gegners zu erreichen und eine tödliche Verletzung zu setzen oder dem Gegner durch Schütteln die Halswirbelsäule zu verletzen. Beides möchten wir bei unserem Hund ganz sicher nicht! Dennoch steht dieser Nonsens leider noch in vielen Hundebüchern. Mit Nackenschütteln verwirren wir unseren Hund nur und machen ihn eventuell handscheu.

- Schlagen mit einer Zeitung, mit der Hand oder einem anderen Gegenstand.
  Der Schlagende gibt hierbei immer ganz deutlich seine Inkompetenz und Unfähigkeit zu! Schlagen und andere falsche Strafen schaden bzw. zerstören die Bindung und das Vertrauen eines Hundes zu seinem Besitzer.

### Belohnen:

Rein wissenschaftlich am Verhalten orientiert (behavioristisch betrachtet), gibt es zwischen Strafe und Belohnung keinen Unterschied: Beide beeinflussen das Verhalten und Lernen von Individuen. Belohnung ist alles, was einem Hund gefällt und ihm den Anreiz gibt, etwas noch einmal, noch schneller oder noch besser zu machen.

Belohnung kann jeder Blick-, jeder Körperkontakt, jede stimmliche, freundliche Äußerung, jede Zuwendung, Spiel oder Leckerbissen sein. Wichtig ist, dass diese Belohnungselemente wechselnd eingesetzt werden und unser Hund nicht schon vorher weiß, welche Belohnung jetzt kommt.

Übrigens, ein beim Belohnen häufig gemachter Fehler ist:

Die Hunde erhalten Futterbelohnungen aus einer Tasche, die vor dem Bauchnabel getragen wird. Das Ergebnis ist, dass die Hunde jetzt fast nur noch dorthin schauen und weniger den ständigen Blickkontakt mit dem Halter suchen.

 Belohnungen fördern die Beziehung Hund - Besitzer, stärken das Vertrauen und fördern die Bereitschaft des Hundes, für seinen »Herrn und Meister« alles zu geben. Belohnungen haben eine längere Nachwirkung. Strafen können Beziehungen belasten, Vertrauen geht verloren. Sie wirken meist nur kurzfristig.

# Gesundheitsfragen

## Erkrankungen

- Durchfälle, Erbrechen, Lahmheiten, Verletzungen etc. sollten nicht, oder wenn nur höchstens einen Tag abgewartet werden, dann gehen Sie bitte zum Tierarzt. Setzen Sie keine Medikamente aus der Humanmedizin ein, da viele der Humanmedikamente von unseren Tieren nicht vertragen werden, teilweise endet diese Medikation in einem Desaster.

- Häufiges Kopfschütteln und Kratzen an dem Ohransatz weist entweder auf eine Ohrenentzündung (oft Milben als Ursache) oder Fremdkörper, wie Grannen im Gehörgang, hin. Hunde mit Hängeohren erkranken häufiger daran. Versuchen Sie bitte nicht, selbst mit Wattestäbchen zu »säubern« oder Ballistol (Waffenöl) oder Seifenlauge in die Gehörgänge zu träufeln. Es besteht sonst die Gefahr, dass durch Verschleppung der Infektion oder weiteres Herunterdrücken des Fremdkörpers das Trommelfell perforiert wird und es zu einer Mittelohrinfektion kommt. Gehen Sie lieber möglichst gleich am Anfang zum Tierarzt.

- Sie entdecken beim Bürsten überall im Fell kleine schwarze Krümel: Sie haben Flohkot gefunden und sollten sich beim Tierarzt ein Flohmittel für den Hund und etwas für die Behandlung Ihrer Wohnung holen. Die Flöhe ernähren sich auf und von Ihrem Hund, setzen dort auch ihren Kot ab. Ansonsten leben sie in der Umgebung des Hundes, also Ihrer Wohnung/Haus gut ein halbes Jahr. Denken Sie außerdem daran, den Hund nach der Flohbehandlung zu entwurmen, da Flöhe meist Bandwurmeier übertragen. Flohbefall kann auch starken Juckreiz verursachen.

- Wenn Sie einen Hund von einem Vorbesitzer oder aus dem Tierheim übernehmen, sollten Sie gleich zu einem Tierarzt Ihres Vertrauens gehen und einen Gesundheitscheck machen lassen. Auch wenn der Hund einen gesunden Eindruck macht. Vereinbaren Sie mit dem Vorbesitzer/Tierheim, dass Sie den Hund nur dann übernehmen, wenn Ihr Tierarzt dem Hund einen guten Gesundheitszustand bescheinigt und die Vorsorgeimpfungen, Wurmkuren etc. im Heimtierpass überprüft und für ausreichend befunden hat.

- Unkastrierte Hündinnen werden häufig vier bis acht Wochen nach ihrer Läufigkeit scheinträchtig. Bei einer Scheinträchtigkeit schwillt das Gesäuge an, ist wärmer als die Umgebung und sondert Sekret ab. Kastrierte Hündinnen werden nicht scheinträchtig. Mit jeder Scheinträchtigkeit steigt das Risiko für Mammatumore, deshalb ist eine frühe Kastration nach der ersten Läufigkeit sinnvoll, denn dann geht die Mammatumorrate gegen Null. Scheinträchtige Hündinnen sind oft antriebsarm, aber aggressiver auch gegen bekannte Personen. Sie verteidigen ihren Platz und Spielzeug (Welpenersatz).

Wenn Sie zum ersten Mal mit Ihrem Hund zu einem Tierarzt gehen, sollten Sie den EU-Heimtierausweis mit eingetragenen Impfungen, Wurmkuren etc. mitnehmen und einige Leckerlis dabei haben, die Ihr Hund besonders gern mag, um ihn bei gutem Verhalten belohnen zu können.

## Tipps zur Gesundheitsvorsorge

* Regelmäßige Schutzimpfungen gegen Staupe, Parvovirose, ansteckende Leberentzündung (H.c.c.), Leptospirose, Zwingerhusten und Tollwut nach den Empfehlungen der Impfkommission. Die Tollwutimpfung Ihres Hundes ist auch für Sie wichtig, da Ihr Hund sonst auch Sie damit anstecken kann – und eine Tollwutinfektion verläuft tödlich. Die Infektion wird durch Speichel übertragen, also auch wenn er Ihre Hand leckt oder Sie mit seinem Maul/Speichel Kontakt haben.
Für Auslandsreisen ist sie zwingend vorgeschrieben. Für einige Länder muss sogar eine Bluttiterbestimmung erfolgen, um zu sehen, dass der Impfschutz ausreichend ist.

* Regelmäßige Behandlung gegen Endoparasiten (Lästlinge im Körper) und Ektoparasiten (Lästlinge auf der Körperoberfläche). Die Präparate sollten gewechselt werden, da sich sonst Resistenzen entwickeln. Die Ektoparasiten kann man bei genauer Beobachtung auch beim Bürsten sehen, aber dann sollte/muss man auch das ganze Haus/Wohnung behandeln.

* Warten Sie mit Wurmkuren nicht, bis Sie die Würmer im Kot sehen, sondern entwurmen Sie regelmäßig. Bitte versuchen Sie nicht, mit Homöopathie oder Knoblauch zu entwurmen. Hier helfen nur Medikamente von Ihrem Tierarzt. Zweimal im Jahr eine Wurmkur und alle vier Wochen eine Ektoparasiten-(Flöhe, Zecken, Milben)behandlung als Spot-on-Präparat ist einfach und hilft gut.

* Putzen Sie vom Welpenalter an Ihrem Hund täglich die Zähne und geben zur Unterstützung spezielle Kaustreifen/-knochen (allein sind sie nicht ausreichend), um sein Gebiss bis an sein Lebensende intakt und funktionsfähig zu halten. Auch ein Hund, der nur Dosenfutter bekommt, sollte gesunde Zähne haben, da sich Zahnerkrankungen, genau wie beim Menschen, auf den gesamten Organismus auswirken können. Sollten Sie einen veränderten Maulgeruch, verstärktes Speicheln oder gehemmtes Kauen bemerken, suchen Sie bitte Ihren Tierarzt auf.

- Baden Sie Ihren Hund möglichst selten – nur im Bedarfsfall, wenn er sich in Dreck gewälzt hat mit Hundeshampoo. Bitte nicht regelmäßig, denn sonst trocknen Sie die Talgdrüsen seiner Haut aus und es kann zu Hauterkrankungen kommen

- Läufige Hündinnen sollten Sie nur an der Leine führen und aufpassen, dass sie nicht gedeckt werden. Hündinnen sollten erst bei der zweiten Läufigkeit/Hitze gedeckt werden und dann später nicht bei jeder weiteren Läufigkeit. Außerdem sollten sie maximal bis zum Alter von acht Jahren Welpen bekommen. Sie sind keine Geburtsmaschinen. Eine Trächtigkeit dauert ca. 63 - 65 Tage, also etwas mehr als zwei Monate.

- Füttern Sie ein gutes Futter mit Mineralien und Vitaminen. Ich persönlich empfehle, Dosen- und Trockenfutter zu mischen. In den Dosen ist durch die Hitzebehandlung nicht mehr viel von Vitaminen und Mineralien über. Gut heißt aber nicht teuer! Die Stiftung Warentest gibt darüber Auskunft.

- Sorgen Sie im Sommer immer für ausreichend Wasser und ein schattiges Plätzchen. Gehen Sie nicht in der prallen Sonne, vor allen Dingen nicht in der Mittagszeit, spazieren und lassen Sie Ihren Hund im Sommer nicht allein im Auto zurück.

- Ihr Hund sollte jederzeit seinen Wassernapf aufsuchen können und selbst entscheiden, wann er wie viel trinkt (normal sind ca. 30 ml Wasser pro kg-Körpergewicht und Tag). Der Napf sollte immer mit frischem Wasser gefüllt sein.

 Krankheits- und Parasitenvorsorge ist besser und billiger als die Therapie.

# Gesetze, die der Hundebesitzer kennen und beachten sollte

Die in diesem Kapitel behandelten Themen decken Fragen aus folgenden Kategorien des D.O.Q.-Tests 2.0 ab:

Kat F – Hund und Recht

Hundegesetze in Deutschland sind zahlreich und wie in fast allen Bereichen des Lebens gibt es die Zuständigkeit des Bundes, der Länder und der Städte/Gemeinden. Zu fast allen Gesetzen gibt es Ausführungsverordnungen und Verwaltungsvorschriften. Dieses Kapitel soll Ihnen helfen, sich in diesem Rechtslabyrinth zurecht zu finden.

Niemand von Ihnen muss alle diese Gesetze und Verordnungen beherrschen und für die theoretische Sachkundeprüfung auswendig lernen. Amtstierärzte und Juristen sollten sie beherrschen. Sie als Hundebesitzer sollten nur wissen, welche Gesetze bestehen, vor allen Dingen in Ihrem Bundesland und Ihrer Gemeinde, denn manche Abschnitte/Bestandteile sind wichtig.

## Bundesgesetze und Bundesverordnungen

1. **Tierschutzgesetz** – 28.05.2006, letzte Änderung Dezember 2007
2. **Tierschutz-Hundeverordnung** – 02.05.2001, letzte Änderung April 2006
3. **Gesetz zur Beschränkung des Verbringens oder der Einfuhr gefährlicher Hunde in das Inland (Hundeverbringungs- und -einfuhrbeschränkungsgesetz – HundVerbrEinfG)** – 12.04.2001
4. **Verordnung über Ausnahmen zum Verbringungs- und Einfuhrverbot von gefährlichen Hunden ins Inland. HundVerbrEinfVO** – 03.04.2002
5. **Straßenverkehrsordnung** – 16.11.1970, letzte Änderung März 2009
6. **Haftpflichtgesetz – HaftPflG** – 07.06.1871, letzte Änderung Juli 2002
7. **Bürgerliches Gesetzbuch BGB** – 18.08.1896, letzte Änderung 03.04.2009
8. **Strafgesetzbuch StGB** – 15.05.1871, letzte Änderung 31.10.2008
9. **Bundesjagdgesetz** – 1977
10. **Verordnung über die Jagdzeiten – JagdzeitVO** – 1977

## Landesgesetze, Landesverordnungen, Polizei-Verordnungen

1. Baden-Württemberg:

   Hundehaltungsverordnung - Polizeiverordnung des Innenministeriums und des Ministeriums Ländlicher Raum über das Halten gefährlicher Hunde (PolVOgH) – 03.08.2000

2. Bayern:

   Verordnung über Hunde mit gesteigerter Aggressivität und Gefährlichkeit – 10.07.1992

3. Berlin:

   Gesetz über das Halten und Führen von Hunden in Berlin – 29.09.2004, letzte Änderung Juni 2005

4. Brandenburg:

   Ordnungsbehördliche Verordnung über das Halten und Führen von Hunden (Hundehalterverordnung HundehVO) – 16.09.2004

5. Bremen:

   Gesetz über das Halten von Hunden – 02.10.2001

6. Hamburg:

   a. Hamburgisches Gesetz über das Halten und Führen von Hunden (Hundegesetz HundeG) – 26.01.2006

   b. Hamburger Verordnung zur Durchführung des Hundegesetzes (Durchführungsverordnung zum Hundegesetz HundeGDVO) – 21.03.2006

7. Hessen:

   Gefahrenabwehrverordnung über das Halten und Führen von Hunden (HundeVO) – 22.01.2003, letzte Änderung 16.12.2008

8. Mecklenburg-Vorpommern:

   Verordnung über das Führen und Halten von Hunden (Hundehalterverordnung - HundehVO M-V) – 04.07.2000, gültig vom 31.12.2005 – 07.07.2010

9. Niedersachsen:

   Niedersächsisches Gesetz über das Halten von Hunden – 12.12.2002

10. Nordrhein-Westfalen:

    a. Hundegesetz für das Land Nordrhein-Westfalen (Landeshundegesetz - LHundG NRW) – 18.12.2002

    b. Ordnungsbehördliche Verordnung zur Durchführung des Landeshundegesetzes NRW (DVO LHundG NRW) – 19.12.2003

11. Rheinland-Pfalz:

    Landesgesetzes über gefährliche Hunde (LHundG) – 22.12.2004

12. Saarland:

Polizeiverordnung über den Schutz der Bevölkerung vor gefährlichen Hunden im Saarland – 26.07.2000

13. Sachsen:

a. Gesetz zum Schutze der Bevölkerung vor gefährlichen Hunden (GefHundG) – 24.08.2000 – rechtsbereinigt mit Stand vom 31.07.2008

b. Verordnung des Sächsischen Staatsministeriums des Innern zur Durchführung des Gesetzes zum Schutze der Bevölkerung vor gefährlichen Hunden (DVOGefHundG) – 01.11.2000 – rechtsbereinigt mit Stand vom 03.05.2003

14. Sachsen-Anhalt:

a. Gesetz zur Vorsorge gegen die von Hunden ausgehenden Gefahren – 23.01.2009

b. Verordnung zur Durchführung des Gesetzes zur Vorsorge gegen die von Hunden ausgehenden Gefahren – 27.02.2009, gültig ab 01.03.2009

15. Schleswig-Holstein:

Gesetz zur Vorbeugung und Abwehr der von Hunden ausgehenden Gefahren – 28.01.2005

16. Thüringen:

Der Freistaat Thüringen hat derzeit keine gültige Spezialregelung zu gefährlichen Hunden.

17. Landesjagdgesetze

## Kommunale Rechtsvorschriften

## Verordnungen und Entscheidungen der Europäischen Union (EU)

1. Verordnung (EG) Nr. 998/2003 des Europäischen Parlaments und des Rates vom 26.05.2003 über die Veterinärbedingungen für die Verbringung von Heimtieren zu anderen als Handelszwecken und zur Änderung der Richtlinie 92/65/EWG des Rates.

2. Entscheidung 2004/824/EG der Kommission vom 01.12.2004 zur Festlegung des Musters einer Gesundheitsbescheinigung für nicht gewerbliche Verbringungen von Hunden, Katzen und Frettchen aus Drittländern.

# Bundesgesetze und Bundesverordnungen

## 1. Tierschutzgesetz

Das Tierschutzgesetz (letzte Änderung Dez. 2007) regelt die Pflichten eines Tierhalters und betrifft besonders Tiere und Tierarten in menschlicher Obhut.

§ 2: Wer ein Tier hält, betreut oder zu betreuen hat,

1. muss das Tier seiner Art und seinen Bedürfnissen entsprechend angemessen ernähren, pflegen und verhaltensgerecht unterbringen,
2. darf die Möglichkeit des Tieres zu artgemäßer Bewegung nicht so einschränken, dass ihm Schmerzen oder vermeidbare Leiden oder Schäden zugefügt werden,
3. muss über die für eine angemessene Ernährung, Pflege und verhaltensgerechte Unterbringung des Tieres erforderlichen Kenntnisse und Fähigkeiten verfügen.

Nach § 3 Nr. 5 ist es verboten, ein Tier auszubilden oder zu trainieren, sofern damit erhebliche Schmerzen, Leiden oder Schäden für das Tier verbunden sind. Verboten ist beispielsweise die unsachgemäße Anwendung von Erziehungshilfsmitteln wie Metall-Stachelhalsbändern, -würgehalsbändern und Elektroreizgeräte (Teletakt etc. – auch § 3 (11)).

Nach § 3 ist es verboten, ein Tier an einem anderen lebenden Tier auf Schärfe abzurichten, zu prüfen, es auf ein anderes Tier zu hetzen (Ausnahme soweit dies die Jagdausübung und -ausbildung nach den Grundsätzen weidgerechter Jagdausübung erfordern) oder ein Tier zu einem derartig aggressiven Verhalten auszubilden erfordern abzurichten, dass dieses Verhalten bei ihm selbst zu Schmerzen, Leiden oder Schäden führt, oder im Rahmen jeglichen artgemäßen Kontaktes mit Artgenossen bei ihm selbst oder einem Artgenossen zu Schmerzen oder vermeidbaren Leiden oder Schäden führt oder seine Haltung nur unter Bedingungen zulässt, die bei ihm zu Schmerzen oder vermeidbaren Leiden oder Schäden führen.

§ 3 (11): Es ist verboten, ein Gerät zu verwenden, das durch direkte Stromeinwirkung das artgemäße Verhalten eines Tieres, insbesondere seine Bewegung, erheblich einschränkt oder es zur Bewegung zwingt und dem Tier dadurch nicht unerhebliche Schmerzen, Leiden oder Schäden zufügt, soweit dies nicht nach bundes- oder landesrechtlichen Vorschriften zulässig ist.

§ 4 regelt, wann und wie ein Wirbeltier getötet werden darf: Ein Hund z. B. darf nur unter Betäubung (Vollnarkose) von einer/m Tierarzt/in (Person mit den dazu notwendigen Kenntnissen und Fähigkeiten) getötet/eingeschläfert werden. § 1 fordert, dass niemand einem Tier ohne vernünftigen Grund Schmerzen, Leiden oder Schäden (sein Tod ist ein erheblicher Schaden für das Tier) zufügen darf. Demnach darf ein Hund z. B. nur dann getötet werden, wenn bei ihm erhebliche Schmerzen und Leiden zu vermuten sind und keine Möglichkeit der Behandlung besteht. Außerdem schreiben einige Landesgesetze vor, dass Hunde, bei denen unwiderlegbar bewiesen worden ist (z. B. durch einen Wesenstest), dass von ihnen eine erhebliche Gefährdung für Leib und Leben von Menschen ausgeht, eingeschläfert/getötet werden müssen.

§ 11 (1): Wer für Dritte Hunde zu Schutzzwecken ausbilden oder hierfür Einrichtungen unterhalten will, bedarf der Erlaubnis der zuständigen Behörde. Einer Erlaubnis der zuständigen Behörde (Veterinäramt) bedarf auch jeder, der Wirbeltiere (außer landwirtschaftlichen Nutztiere und Gehegewild) gewerbsmäßig halten, züchten, mit ihnen handeln oder sie zur Schau stellen will. Auch derjenige, der Wirbeltiere für andere in einem Tierheim oder einer tierheimähnlichen Einrichtung halten will und dies nicht gewerbsmäßig betreibt, bedarf der Erlaubnis der zuständigen Behörde.

§ 11 b verbietet u. a. Wirbeltiere zu züchten, wenn damit gerechnet werden muss, dass bei den Nachkommen mit Leiden verbundene erblich bedingte Verhaltensstörungen auftreten oder jeder artgemäße Kontakt mit Artgenossen bei ihnen selbst oder einem Artgenossen zu Schmerzen oder vermeidbaren Leiden oder Schäden führt oder deren Haltung nur unter Bedingungen möglich ist, die bei ihnen zu Schmerzen oder vermeidbaren Leiden oder Schäden führen. Die zuständige Behörde kann dann das Unfruchtbarmachen der betroffenen Wirbeltiere anordnen.

Verstöße gegen das Tierschutzgesetz (wie Schmerzen und Leiden zufügen, verbotene »Erziehungs«-/Hilfsmittel benutzen etc.) werden je nach ihrer Erheblichkeit als Ordnungswidrigkeit mit einem Bußgeld oder als Straftat mit einer Geldstrafe oder Freiheitsstrafe geahndet.
**Der Tierschutz ist seit 2002 im Grundgesetz als Staatsziel (Art. 20a) verankert.**

## 2. Tierschutz-Hundeverordnung
Die Tierschutz-HundeVO ist eine von drei Verordnungen/Gesetzen, die nur Hunde und ihre Haltung betreffen.

§ 1 regelt den Anwendungsbereich der Verordnung: das Halten und Züchten von Hunden (Canis lupus f. familiaris).

In § 2 sind die allgemeinen Anforderungen an das Halten von Hunden festgelegt:
(1): Einem Hund ist ausreichend Auslauf im Freien außerhalb eines Zwingers oder

einer Anbindehaltung sowie ausreichend Umgang mit der Person, die den Hund hält, betreut oder zu betreuen hat (Betreuungsperson), zu gewähren. Auslauf und Sozialkontakte sind der Rasse, dem Alter und dem Gesundheitszustand des Hundes anzupassen. Mehrmals täglich muss einem einzeln gehaltenen Hund die Möglichkeit zum länger dauernden Umgang mit Betreuungspersonen gewährt werden, um das Gemeinschaftsbedürfnis des Hundes zu befriedigen. Auslauf und Sozialkontakte sind der Rasse, dem Alter und dem Gesundheitszustand des Hundes anzupassen.

(2): Mehrere Hunde auf demselben Grundstück sind grundsätzlich in der Gruppe zu halten, sofern andere Rechtsvorschriften dem nicht entgegenstehen. Von der Gruppenhaltung kann abgesehen werden, wenn dies wegen der Art der Verwendung, des Verhaltens oder des Gesundheitszustandes des Hundes erforderlich ist. Nicht aneinander gewöhnte Hunde dürfen nur unter Aufsicht zusammengeführt werden

Hunde müssen vor starker Sonneneinstrahlung geschützt werden und ihnen muss ein schattiger, witterungsgeschützter Platz zur freien Verfügung stehen.

(4): Ein Welpe darf erst im Alter von über acht Wochen vom Muttertier getrennt werden.

Dies gilt nicht, wenn die Trennung nach tierärztlichem Urteil zum Schutz des Muttertieres oder des Welpen vor Schmerzen, Leiden oder Schäden erforderlich ist. Ist eine vorzeitige Trennung mehrerer Welpen vom Muttertier erforderlich, sollen diese bis zu einem Alter von acht Wochen nicht voneinander getrennt werden.

§ 4 (1): Hunden, die im Freien gehalten werden, muss außerhalb einer Schutzhütte ein witterungsgeschützter, schattiger Liegeplatz mit wärmegedämmtem Boden zur Verfügung stehen.

§ 5: Anforderungen an das Halten in Räumen

§ 6: Anforderungen an die Zwingerhaltung

§ 7: Anforderungen an die Anbindehaltung (Eine Kettenhaltung mit Punktanbindung, z. B. an einer Schutzhütte, ist verboten, die Haltung an einer geeigneten Laufleine ist erlaubt. Geeignetes Anbindematerial muss von geringem Eigengewicht sein und so beschaffen sein, dass sich der Hund nicht verletzten kann. Eine Kette, die diesen Anforderungen entspricht, ist demnach erlaubt.)

Nach § 8 (2) Nr. 3 müssen Hunde ausreichend Frischluft und angemessene Lufttemperaturen zur Verfügung haben, wenn ein Hund ohne Aufsicht im Fahrzeug verbleibt.

## 3. Gesetz zur Beschränkung des Verbringens oder der Einfuhr gefährlicher Hunde in das Inland (Hundeverbringungs- und -einfuhrbeschränkungsgesetz – HundVerbrEinfG) vom April 2001

### § 1 Begriffsbestimmungen
Im Sinne dieses Gesetzes ist:
a. Verbringen in das Inland: jedes Verbringen aus einem anderen Mitgliedstaat der Europäischen Union (EU) in das Inland.
b. Einfuhr: Verbringen aus einem Drittland in das Inland,
c. Zucht: jede Vermehrung von Hunden,
d. Handel: jede Abgabe von Hunden gegen Entgelt,
e. Gefährlicher Hund: Hunde der Rassen Pitbull-Terrier, American Staffordshire-Terrier, Staffordshire-Bullterrier, Bullterrier und deren Kreuzungen sowie nach Landesrecht bestimmte Hunde.

### § 2 Einfuhr- und Verbringungsverbot
(1) Hunde der Rassen Pitbull-Terrier, American Staffordshire-Terrier, Staffordshire-Bullterrier, Bullterrier sowie deren Kreuzungen untereinander oder mit anderen Hunden dürfen nicht in das Inland eingeführt oder verbracht werden. Hunde weiterer Rassen sowie deren Kreuzungen untereinander oder mit anderen Hunden, für die nach den Vorschriften des Landes, in dem der Hund ständig gehalten werden soll, eine Gefährlichkeit vermutet wird, dürfen aus dem Ausland nicht in dieses Land eingeführt oder verbracht werden.

### § 3 Überwachung

### § 4 Mitwirkung der Zollstellen

### § 5 Strafvorschriften

### § 6 Bußgeldvorschriften

Dieses Gesetz hat Auswirkungen auf folgende Gesetze:
In Artikel 2 – Änderung des Tierschutzgesetzes – in der Fassung vom 25. Mai 1998
In Artikel 3 – Änderung des Strafgesetzbuches – in der Fassung vom 13. November 1998
In Artikel 4 - Änderung des Hundeverbringungs- und -einfuhrbeschränkungsgesetzes

## 4. Verordnung über Ausnahmen zum Verbringungs- und Einfuhrverbot von gefährlichen Hunden ins Inland. HundVerbrEinfVO

### § 2 Ausnahmen vom Verbringungs- und Einfuhrverbot

(1) Gefährliche Hunde, die als Diensthunde des Bundes, insbesondere der Bundeswehr, des Bundesgrenzschutzes (Bundespolizei) oder der Zollverwaltung, als Diensthunde der Länder, insbesondere der Polizei, als Diensthunde der Städte und Gemeinden, als Diensthunde fremder Streitkräfte gehalten werden sollen, sowie Blindenführhunde, Behindertenbegleithunde und Hunde des Katastrophen- und Rettungsschutzes dürfen in das Inland verbracht oder eingeführt werden.

(2) Gefährliche Hunde dürfen in das Inland verbracht oder eingeführt werden, wenn die Hunde nach vorübergehendem Verbringen in das Ausland oder vorübergehender Ausfuhr an einen Aufenthaltsort im Inland zurückkehren, an dem sie berechtigt gehalten werden dürfen.

(3) Gefährliche Hunde im Sinne des § 2 Abs. 1 des Gesetzes dürfen vorübergehend in das Inland verbracht oder eingeführt werden, sofern sie sich zusammen mit einer Begleitperson, die ihren Wohnsitz nicht im Inland hat, nicht länger als vier Wochen im Inland aufhalten werden. Eine Verlängerung des vorübergehenden Aufenthalts kann zur Vermeidung unbilliger Härten durch die nach Landesrecht zuständige Behörde auf Antrag genehmigt werden.

## 5. Straßenverkehrsordnung

Vom 16. November 1970 (Bundesgesetzblatt, Teil I, S. 1565), zuletzt geändert mit Verordnung vom 28. November 2007 (Bundesgesetzblatt, Teil I, S. 2774).

### I. Allgemeine Verkehrsregeln

### § 1 Grundregeln

(1) Die Teilnahme am Straßenverkehr erfordert ständige Vorsicht und gegenseitige Rücksicht.

(2) Jeder Verkehrsteilnehmer hat sich so zu verhalten, dass kein Anderer geschädigt, gefährdet oder mehr, als nach den Umständen unvermeidbar, behindert oder belästigt wird.

### § 25 Fußgänger

(1) Fußgänger müssen die Gehwege benutzen. Auf der Fahrbahn dürfen sie nur gehen, wenn die Straße weder einen Gehweg noch einen Seitenstreifen hat. Benutzen sie die Fahrbahn, so müssen sie innerhalb geschlossener Ortschaften am rechten oder linken Fahrbahnrand gehen; außerhalb geschlossener Ortschaften müssen sie am linken Fahrbahnrand gehen, wenn das zumutbar ist. Bei Dunkelheit, bei

schlechter Sicht oder wenn die Verkehrslage es erfordert, müssen sie einzeln hintereinander gehen (gilt auch mit Tieren).

## § 26 Fußgängerüberwege

(1) An Fußgängerüberwegen haben Fahrzeuge mit Ausnahme von Schienenfahrzeugen den Fußgängern sowie Fahrern von Krankenfahrstühlen oder Rollstühlen, welche den Überweg erkennbar benutzen wollen, das Überqueren der Fahrbahn zu ermöglichen. Dann dürfen sie nur mit mäßiger Geschwindigkeit heranfahren; wenn nötig, müssen sie warten.

## § 28 Tiere

(1) Haus- und Stalltiere, die den Verkehr gefährden können, sind von der Straße fernzuhalten. Sie sind dort nur zugelassen, wenn sie von geeigneten Personen begleitet sind, die ausreichend auf sie einwirken können. Es ist verboten, Tiere von Kraftfahrzeugen aus zu führen. Von Fahrrädern aus dürfen nur Hunde geführt werden.

(2) Für Reiter, Führer von Pferden sowie Treiber und Führer von Vieh gelten die für den gesamten Fahrverkehr einheitlich bestehenden Verkehrsregeln und Anordnungen sinngemäß. Verkehrszeichen sind zu beachten.

In § 23 ist auch geregelt, dass Tiere in Fahrzeugen nur transportiert werden dürfen, wenn sie ihrer Tierart gemäß gesichert sind. Hunde müssen z. B. mit Geschirr am Sicherheitsgurt, mit Gitterabtrennung oder in einer Transportbox transportiert und gesichert werden.

Sind Hunde im Auto nicht gesichert, trifft den Fahrer des Fahrzeugs bei einem Unfall immer eine Mitschuld (§ 254 BGB).

Außerdem können Hunde bei einem Unfall aus dem Auto geschleudert werden, weglaufen bzw. eine Gefahr für Personen und den Verkehr darstellen.

# 6. Haftpflichtgesetz – HaftPflG

– vom Juni 1871 – Fassung Januar 1978 – zuletzt geändert Juli 2002.

§ 4: Hat bei der Entstehung des Schadens ein Verschulden des Geschädigten mitgewirkt, so gilt § 254 des Bürgerlichen Gesetzbuchs; bei Beschädigung einer Sache steht das Verschulden desjenigen, der die tatsächliche Gewalt über die Sache ausübt, dem Verschulden des Geschädigten gleich. Eltern haften für ihre minderjährigen Kinder. Jeder Hunde-/Tierhalter haftet für sein Tier (§ 833 BGB s. u.). Deshalb empfiehlt es sich, wegen möglicher Regressforderungen sowohl für Kinder als auch die gehaltenen Tiere eine Haftpflichtversicherung abzuschließen. Sie sind als Halter für alles, was Ihr Hund verursacht, ob an der Leine, in Ihrem Beisein oder allein, verantwortlich und haften mit Ihrem Vermögen für alle Schäden.

Eine Verletzung durch einen Hund ist eine Straftat, die als solche zu ahnden ist. Gemäß einiger Landeshundegesetzen/VO können Hunde, die Dritte verletzt haben, auf behördliche Anordnung  sichergestellt und getötet werden.

§ 5: (1) Im Falle der Tötung ist der Schadensersatz (§§ 1, 2 und 3) durch Ersatz der Kosten einer versuchten Heilung sowie des Vermögensnachteils zu leisten, den der Getötete dadurch erlitten hat, dass während der Krankheit seine Erwerbsfähigkeit aufgehoben oder gemindert oder eine Vermehrung seiner Bedürfnisse eingetreten war. Der Ersatzpflichtige hat außerdem die Kosten der Beerdigung demjenigen zu ersetzen, dem die Verpflichtung obliegt, diese Kosten zu tragen.
(2) Stand der Getötete zur Zeit der Verletzung zu einem Dritten in einem Verhältnis, vermöge dessen er diesem gegenüber kraft Gesetzes unterhaltspflichtig war oder unterhaltspflichtig werden konnte, und ist dem Dritten infolge der Tötung das Recht auf den Unterhalt entzogen, so hat der Ersatzpflichtige dem Dritten insoweit Schadensersatz zu leisten, als der Getötete während der mutmaßlichen Dauer seines Lebens zur Gewährung des Unterhalts verpflichtet gewesen sein würde. Die Ersatzpflicht tritt auch dann ein, wenn der Dritte zur Zeit der Verletzung gezeugt, aber noch nicht geboren war.

§ 6: Im Falle einer Körperverletzung ist der Schadensersatz (§§ 1, 2 und 3) durch Ersatz der Kosten der Heilung sowie des Vermögensnachteils zu leisten, den der Verletzte dadurch erleidet, dass infolge der Verletzung zeitweise oder dauernd seine Erwerbsfähigkeit aufgehoben oder gemindert oder eine Vermehrung seiner Bedürfnisse eingetreten ist. Wegen des Schadens, der nicht Vermögensschaden ist, kann auch eine billige Entschädigung in Geld gefordert werden.

## 7. Bürgerliches Gesetzbuch

Letzte Fassung vom 2. Januar 2002, zuletzt geändert durch Artikel 5 des Gesetzes vom 10. Dezember 2008. Das Deutsche Bürgerlichen Gesetzbuch – am 1. Januar 1900 in Kraft getreten – ging aus dem Code Civil (Frankreich) hervor. Es gilt die unbedingte Haftung für unerlaubte Handlungen jeder Person. Der Code Civil spielt wegen des erleichterten Grenzübertritts und der Mobilität wieder eine Rolle.

Das BGB regelt Personen Rechte, Juristische Personenrechte, Namens-, Familien-, Unterhalts-, Wohn-, Verbraucher-, Unternehmer-, Vereins-, Stiftungsrecht etc.

§ 254: (Mitverschulden): Hat bei der Entstehung des Schadens ein Verschulden des Geschädigten mitgewirkt, so hängt die Verpflichtung zum Ersatz sowie der Umfang des zu leistenden Ersatzes von den Umständen, insbesondere davon ab, inwieweit der Schaden vorwiegend von dem einen oder anderen Teil verursacht worden ist.
§ 833: (Haftung des Tierhalters): Wird durch ein Tier ein Mensch getötet oder der

Körper oder die Gesundheit eines Menschen verletzt oder eine Sache beschädigt, so ist derjenige, welcher das Tier hält, verpflichtet, dem Verletzten den daraus entstehenden Schaden zu ersetzen. …

**§ 834:** (Haftung des Tieraufsehers): Wer für denjenigen, welcher ein Tier hält, die Führung der Aufsicht über das Tier durch Vertrag übernimmt, ist für den Schaden verantwortlich, den das Tier einem Dritten in der in § 833 bezeichneten Weise zufügt. …

## 8. Strafgesetzbuch

Eine Verletzung eines Menschen durch einen Hund bzw. durch einen Hundehalter mittels seines Hundes kann eine Straftat sein, die als solche verfolgt wird, soweit sie angezeigt wird (Strafgesetzbuch StGB z. B. § 211 ff.).

Gemäß einiger Landeshundegesetzen/VO können Hunde, die Dritte verletzt haben, auf behördliche Anordnung  sichergestellt und getötet werden. Hat ein Hund einen Menschen getötet, besteht nach den meisten Landesgesetzen/VO die gesetzliche Pflicht, den verursachenden Hund zu töten oder einzuschläfern.

# Landesgesetze, Landesverordnungen, Polizei-Verordnungen

Gesetze, Verordnungen und Polizei-Verordnungen gibt es in jedem Bundesland. Sie dienen u.a. der allgemeinen Gefahrenabwehr, in einigen Bundesländern auch speziell der Abwehr von Gefahren durch Hunde. Unten finden Sie einige Beispiele für landesspezifische Besonderheiten.

### Berlin: Gesetz über das Halten und Führen von Hunden in Berlin.

Regelt in § 3 sogar die Länge der Leine bei Leinenpflicht  (an einer höchstens zwei Meter langen Leine zu führen. Gefährliche Hunde an einer einen Meter langen Leine. Die Leine muss so beschaffen sein, dass der Hund sicher gehalten werden kann. Darüber hinausgehende Vorschriften bleiben unberührt.)

Wie in vielen anderen Ländern auch ist in § 8 geregelt, wer die erforderliche Zuverlässigkeit und Eignung zur Haltung gefährlicher Hunde im Sinne dieses Gesetzes in der Regel nicht hat:
1. Angriff auf das Leben oder die Gesundheit, wegen Vergewaltigung, Zuhälterei, Raubes, Nötigung, Land- oder Hausfriedensbruchs oder Widerstandes gegen die Staatsgewalt,

2. mindestens zweimal wegen einer im Zustand der Trunkenheit begangenen Straftat oder

3. wegen einer Straftat gegen das Betäubungsmittelgesetz, das Tierschutzgesetz, das Waffengesetz oder das Bundesjagdgesetz rechtskräftig verurteilt worden ist, …

4. trotz Aufforderung die erforderliche Sachkunde zum Halten oder Führen eines gefährlichen Hundes der zuständigen Behörde nicht nachgewiesen hat,

5. alkoholkrank oder rauschmittelsüchtig ist.

## Brandenburg: Ordnungsbehördliche Verordnung über das Halten und Führen von Hunden.

In § 1 ist geregelt, dass gefährliche Hunde nicht in Mehrfamilienhäusern gehalten werden dürfen. Von dem Verbot nach Satz 1 kann im Rahmen der Erlaubnis nach § 10 befreit werden, wenn unter Berücksichtigung der örtlichen Verhältnisse sichergestellt ist, dass Menschen, Tiere oder Sachen nicht gefährdet werden.

Gefährliche Hunde, die im Land Brandenburg gehalten werden, haben darüber hinaus am Halsband eine Plakette deutlich sichtbar zu tragen. Diese Plakette ist rot, kreisrund, zeigt das Landeswappen und die Schrift erhaben in Prägung und hat einen Durchmesser von 40 Millimetern. Hunde im Sinne des § 8 Abs. 3, für die ein Negativzeugnis erteilt wurde, haben ebenfalls eine Plakette deutlich sichtbar am Halsband zu tragen. Diese Plakette ist grün, kreisrund, zeigt das Landeswappen und die Schrift erhaben in Prägung und hat einen Durchmesser von 40 Millimetern.

## Hessen: Gefahrenabwehrverordnung über das Halten und Führen von Hunden.

### § 3: Erteilung und Widerruf der Erlaubnis

(1) Die Erlaubnis zum Halten eines gefährlichen Hundes ist befristet, höchstens für einen Zeitraum von vier Jahren zu erteilen. Sind für einen Hund ohne zeitliche Unterbrechung mehrere befristete Erlaubnisse erteilt worden und erstrecken sich diese auf einen Zeitraum von mehr als sieben Jahren oder ist ein Hund älter als zehn Jahre, kann eine unbefristete Erlaubnis erteilt werden.

## Mecklenburg-Vorpommern: Verordnung über das Führen und Halten von Hunden.

### § 4: Erlaubnispflicht

(3) … Beim Führen gefährlicher Hunde außerhalb des befriedeten Besitztums ist die Bescheinigung mitzuführen und den zur Personenkontrolle Befugten auf Verlangen zur Prüfung auszuhändigen.

## Nordrhein-Westfalen: Hundegesetz für das Land Nordrhein-Westfalen.

### § 11: Große Hunde 20/40

(1) Die Haltung eines Hundes, der ausgewachsen eine Widerristhöhe von mindestens 40 cm oder ein Gewicht von mindestens 20 kg erreicht (großer Hund), ist der zuständigen Behörde von der Halterin oder vom Halter anzuzeigen.

(2) Große Hunde dürfen nur gehalten werden, wenn die Halterin oder der Halter die erforderliche Sachkunde und Zuverlässigkeit besitzt, ….

## Sachsen: Gesetz zum Schutze der Bevölkerung vor gefährlichen Hunden.

### § 10 - Abgaben für gefährliche Hunde – Die Gemeinden sind verpflichtet, für gefährliche Hunde Abgaben nach Maßgabe des kommunalen Satzungsrechts zu erheben.

## Sachsen-Anhalt: Gesetz zur Vorsorge gegen die von Hunden ausgehenden Gefahren.

### § 5 Voraussetzungen und Inhalt der Erlaubnis

(2) Die Halterin oder der Halter des Hundes hat beim Ausführen des Hundes ein gültiges Personaldokument und die von der Behörde ausgestellte Bescheinigung über die Antragstellung mitzuführen und der Behörde auf Verlangen zur Prüfung auszuhändigen. …

### § 13 Meldepflicht

(1) Ärztinnen und Ärzte sind zur Meldung bei der zuständigen Behörde berechtigt, wenn sie in Ausübung ihres Berufs Kenntnis von Bissvorfällen und Verletzungen, die auf Angriffen durch Hunde basieren, erlangen.

(2) Tierärztinnen und Tierärzte sind zur Meldung bei der zuständigen Behörde verpflichtet, wenn sie in Ausübung ihres Berufs Kenntnis von Bissvorfällen und Verletzungen, die auf Angriffen durch Hunde basieren, erlangen. Die Meldepflicht besteht nicht, wenn dem Tierarzt der Nachweis vorliegt, dass eine Meldung bereits erfolgt ist.

## Schleswig-Holstein: Gesetz zur Vorbeugung und Abwehr der von Hunden ausgehenden Gefahren.

### § 2 Allgemeine Pflichten – (5) Wer einen Hund außerhalb des befriedeten Besitztums der Hundehalterin oder des Hundehalters führt oder laufen lässt, hat diesem ein Halsband, eine Halskette oder eine vergleichbare Anleinvorrichtung mit einer Kennzeichnung anzulegen, aufgrund derer die Hundehalterin oder der Hundehalter ermittelt werden kann.

### § 10 Besondere Pflichten für das Halten und Führen gefährlicher Hunde

(4) Jedem gefährlichen Hund ist außerhalb eines befriedeten Besitztums ein leuchtend hellblaues Halsband anzulegen.

Weitere Einzelheiten finden Sie tabellarisch erfasst und eventuellen Veränderungen angepasst auf der Homepage www.doq-test.de.

## Landesjagdgesetze

Hier wird unter anderem das Führen von Hunden in Wald und Flur während der Brut- und Setzzeit vom 1. April bis 15. Juli eines jeden Jahres geregelt.

## Fazit aus den Landesgesetzen:

15 von 16 Bundesländern haben Hundegesetze oder Verordnungen, die jede sehr unterschiedlich das Leben von Hunden und ihren Besitzern regeln.

Nur in Thüringen gibt es zurzeit kein spezielles Gesetz, dass die Haltung von Hunden regelt. Nach den Wahlen im Sommer 2009 soll ein Gesetz zum Schutz vor gefährlichen Tieren entworfen und verabschiedet werden.

## »Gefährliche Hunde«:

Von 16 Bundesländern haben 14 einige Hunderassen als per se gefährliche Hunde aufgeführt. Bremen, Mecklenburg-Vorpommern, Sachsen, Sachsen-Anhalt und Schleswig-Holstein führen direkt nur die Rassen auf, die im Hundeverbringungs- und -einfuhrbeschränkungsgesetz als gefährlich gelten.

Von einigen der als »Gefährliche Hunde« stigmatisierten Rassen kann bezweifelt werden, dass es Exemplare in Deutschland gibt bzw. die Bezeichnungen existieren als Rasse nicht (Pit Bull, Bandog). Alle schreiben für »Gefährliche Hunde« eine Kennzeichnung durch Mikrochip (Transponder) vor. In Schleswig-Holstein sind leuchtend blaue Halsbänder vorgeschrieben.

Alle schreiben Haftpflichtversicherungen vor. Interessant ist, dass der Wert eines »menschlichen Lebens« bzw. der Einsatz zum Schutz einer Person unterschiedlich hoch zwischen 250.000 und 1 Millionen Euro eingeschätzt wird.

Mal müssen »Gefährliche Hunde« mit 12, mal mit 15 bzw. 18 Monaten einer Wesensüberprüfung/Verhaltensprüfung/Wesenstest unterzogen werden. Hessen ist einsame Spitze, hier gelten die Wesensüberprüfungen nur 2 Jahre, dann müssen sie wiederholt werden.

Ein allgemeiner Leinenzwang und eine allgemeine Pflicht zum Tragen eines Beißkorbes für bestimmte Hunde(rassen) wurde von uns Tierärzten immer, sowohl 2003 in Hessen als auch 2005 in Hamburg, als Verstoß gegen das Tierschutz-Gesetz bewertet. Die Verwaltung und die Politik nahmen diese Einwände nie Ernst.

Die Länder mit den rigiden Gesetzen sind nicht »sicherer« geworden.

In NRW haben sich entgegen der Aufteilung nach »Gefährlichen Hunden § 3 Abs.2 (vermutet gefährliche Rassen)« und »Hunden bestimmter Rassen § 10 Abs. 1« und »großen Hunden § 11 (20/40iger Regelung)« diese Hunde prozentual zu ihrem Anteil an der Gesamthundepopulation insgesamt nicht als gefährlicher erwiesen als die »sonstigen Hunde«, was die Auflistung der Beißvorfälle und der sonstigen Vorfälle, die überwiegend durch »individuell gefährliche Hunde« nach § 3 Abs. 3 (im Einzelfall als tatsächlich gefährlich festgestellt) hervorgerufen wurden, belegt.

Im Saarland wurden drei Menschen durch Hunde getötet. Zwei durch Berger de Beauce (2006) und einer durch einen Deutschen Schäferhund (2005). 2002 wurde in Rheinland-Pfalz durch einen Rottweiler ein Mensch getötet.

Bezogen auf die Statistiken des Statistischen Bundesamtes sind die Todes- und Verletzungszahlen durch Hundebisse seit 2001 nicht prägnant zurückgegangen oder angestiegen.

Es ist erstaunlich, dass die Rassen, die seit Jahren die Beißstatistiken des Statistischen Bundesamtes bezüglich der Anzahl der Bisse anführen, in keiner Liste auftauchen: Deutscher Schäferhund und Dackel.

Die Hundegesetze der Bundesländer haben zwar das Leben für Hundebesitzer stark erschwert und teilweise, je nach Bundesland, sehr teuer gemacht, aber keine positiven Auswirkungen auf die »Sicherheit der Bürger« gehabt!

# Kommunale Rechtsvorschriften (Verordnungen und Satzungen)

Hunde dürfen nach dem jeweiligen Kommunalrecht der Städte und Gemeinden (Verordnungen, Satzungen, Ordnungen) z. B. nicht mit auf Kinderspielplätze, in Schulen und öffentliche Gebäude etc.

Es ist die Pflicht des Hundebesitzers, den Hundekot seines Hundes in der Allgemeinheit zugänglichen Gebieten (Öffentlichkeit) zu beseitigen. Bußgeldtatbestände bei Zuwiderhandlungen sind jeweils festgelegt.

Jede Stadt oder Gemeinde bestimmt die Höhe der Hundesteuer, die von den Bürgern für ihre Hunde zu entrichten ist. Hunde, für die Hundesteuer bezahlt wurde, erhalten eine Steuermarke. Das Ordnungsamt der Stadt oder Gemeinde ist berechtigt, die Steuermarken zu überprüfen. Bei Nichtzahlung der Hundesteuer können vom Ordnungsamt Bußgelder festgesetzt werden.

# Verordnungen und Entscheidungen der Europäischen Union

Die EU hat in Bestimmungen für den grenzüberschreitenden Reiseverkehr mit Hunden und für Hundetransporte festgelegt, dass im von zugelassenen und registrierten Tierärzten ausgestellten EU-Heimtierpass bescheinigt werden muss, dass

a. Hunde beim Grenzübertritt ausreichend gegen Tollwut schutzgeimpft sind und

b. vor oder mit der Impfung eine dauerhafte Kennzeichnung per Chip (Transponder) – für einige EU-Staaten reicht für eine Übergangzeit bis spätestens 03.07.2011 auch eine gut lesbare Tätowierung – durchgeführt wurde. Der Chip nach EU-ISO-Norm dient zur eindeutigen Identitätsbestimmung des Hundes.

c. bei einigen Ländern zusätzlich der Impftiter im Blut (um ausreichenden Impfschutz nachzuweisen) bestimmt wurde,

d. für einige Länder eine Behandlung gegen Bandwurm- und Zeckenbefall vom Tierarzt durchgeführt wurde.

Dr. Dorit Urd Feddersen-Petersen

# Kommunikation des Haushundes
## *(Canis lupus familiaris)*

Die in diesem Kapitel behandelten Themen decken Fragen aus folgenden
Kategorien des D.O.Q.-Tests 2.0 ab:

Kat D – Ausdrucksverhalten

## Abstammung

Nach heutigem Kenntnisstand sind Hunde die ältesten Haustiere des Menschen und
sie gehen alle auf den Wolf (*Canis lupus* L.) zurück. Umfassende molekulargenetische
Arbeiten der letzten zehn Jahre (Tsuda et al. 1997, Vilà et al. 1997, Randi et al. 2000,
Savolainen et al. 2002) verweisen übereinstimmend mit morphologischen (archäolo-
gischen), physiologischen, biochemischen und ethologischen Befunden darauf, dass
Wölfe und Hunde sehr nah verwandt sind und bestätigen Wölfe als die einzigen Vorfahren des Haushundes. Der Hund ist das älteste Haustier – die Domestikation von
Wölfen begann ca. 15.000 Jahre b. p. (= before present). Goldschakale (*Canis aureus*
L.) und Koyoten (*Canis latrans* SAY) oder Artbastardierungen dieser Canis-Arten werden als mögliche Vorfahren und Erklärungsmodelle der großen Variabilität der Haushunde heute nicht mehr diskutiert.

## Haben Hunde ein Wortverständnis?

Es waren ganz vorwiegend soziale Gründe, dass aus Wölfen Hunde wurden, und dieses in außerordentlich großer Variabilität. Wölfe (Hunde) und Menschen weisen etliche Analogien (Anpassungsähnlichkeiten) im Sozialverhalten auf: Ihre ausgeprägte
Sozialität, ihre Plastizität im Sozialverhalten und ihr Vermögen, kooperativ vorzuge-
hen, um Probleme zu lösen oder Aufgaben in der individualisierten Gruppe zu übernehmen, sind hier vorrangig zu nennen.

   Hunde bedienen sich nicht unserer Wortsprache und werden es nie tun. Sie kommunizieren optisch, akustisch, taktil und chemisch – sprechen indes können sie nicht
und ihnen fehlt ein Wortverständnis. Leider wird gerade diese eine Modalität der

Kommunikation seitens des Menschen immer wieder und häufig sogar vorrangig benutzt.

Häufig sind Vokalisationen (Lautäußerungen), eine Sinnesmodalität *nonverbaler Kommunikation,* und eben *keiner Wortsprache.* Tiefe, geräuschhafte Laute sind dabei allgemein aggressiver Natur, hohe, melodische Vokalisationen verweisen auf Angst oder soziopositive Phänomene. All diese Ergebnisse geben Zeugnis von ritualisierten Entwicklungsprozessen in der Kommunikation, die uns über Artgrenzen hinaus mit Tieren vereint. Den Hunden sind wir (wie sie uns) über den Prozess ihrer Domestikation (und selektiven Rassezuchtauslese) und die ca. 15.000 Jahre des Zusammenlebens in gemischten Mensch-Hund-Gruppierungen im Ökosystem »Hausstand« (sensu Herre & Röhrs 1990) insbesondere im Bereich des Sozialverhaltens und der Kommunikation besonders nahe gekommen (sog. Co-Evolution i.S. von Coppinger 2001).

 Hunde achten sehr auf die nonverbale Kommunikation des Menschen, die sog. »Körpersprache«.

Kommunikation ist, biologisch betrachtet, Sozialverhalten, das Menschen wie Hunden oder anderen Säugetieren Leben bzw. Überleben ermöglicht. Kommunikation ermöglicht Interaktionen mit der gesamten Umwelt auf der Grundlage eines Informationswechsels. Informationsübertragende Handlungen heißen Signalhandlungen. Im Zuge der Evolution von Menschen, primär sozialen Lebewesen, für die gleichfalls ein Zusammenhang zwischen komplexem Sozial- und Kommunikationsverhalten gilt, entwickelte sich die Sprache zusätzlich zu anderen Kommunikationssystemen. Sie ist somit nicht zwingend als Indiz einer »Höherentwicklung« zu verstehen, sondern vielmehr als neuer Kommunikationskanal aufzufassen, dessen Unterschiede anderen Spezies gegenüber interessieren.

## Digitale und analoge Kommunikation

Nach Watzlawick et al. (1996) kennzeichnet Menschen eine **digitale** oder **verbale Kommunikation**, welche die Wortsprache (Schrift, Symbole) des Menschen bezeichnet, über die **Informationen über Dinge mitgeteilt und Wissen** weitergegeben wird, eine Kommunikationsform, die mithin **komplexe Inhalte** übermitteln kann (über Vergangenes wie Zukünftiges reden). Sie ist zwar kennzeichnend für die Kommunikation des Menschen, wird aber auch bei ihm stets von der **analogen** oder **nonverbalen Kommunikation** begleitet. Analoge Kommunikation transportiert den Inhalt, zusätzlich zur Sprache, mit Hilfe von Mimik, Gestik, Körperhaltung und Stimmmodulation und sie drückt **Bezogenheit aus, vermag Beziehungsaspekte** zu übermitteln. Sie ist ein »Vehikel«, über das wir uns und unsere Empfindungen bzw. Zustände ausdrücken.

Hier »sprechen« Gestik, Mimik, Gesichtsausdruck, Stimmlage, Blick und Berührungen. Analoge Kommunikation verläuft zudem immer noch in der gleichen Weise wie bei unseren Vorfahren und anderen Tieren. Dieses gilt für die Kommunikation unter Menschen wie die zwischen Menschen und Tieren. Wir sind somit die einzigen Säugetiere, die sprechen können.

Digitale Kommunikation spielt in der Beziehung zum Hund eine untergeordnete Rolle. Hunde reagieren zwar (konditioniert) auf das, was wir sagen, doch inwieweit sie wirklich in der Lage sind, unsere Worte zu verstehen, ist nicht zu ermessen.

Sie können die Bedeutung bestimmter Worte assoziativ zu bestimmten Geschehnissen lernen, können unsere Gestimmtheit am Klang unserer Stimme decodieren, einzelne Wörter im Redefluss wiedererkennen, haben jedoch **kein Sprachverständnis**. Hinsichtlich einer Verständigung über analoge Mechanismen jedoch, bewegen wir uns auf der sicheren Seite. Welche Möglichkeiten Kommunikation hier bietet, ist allumfassend und beinhaltet den Weg zur tiefen **Verständigung** zwischen Mensch und Hund.

Wir müssen zur Kommunikation mit Hunden also den direkten Weg wählen, es gibt keine anderen (tiergerechten) Möglichkeiten als den Weg einer *direkten* Bezogenheit. Dieser ist die einzige Möglichkeit, die zum Verständnis führen kann. Wir schulen mit Hunden unsere Authentizität, um so eine bessere Abstimmung zwischen Gefühlen, Bewusstsein und Kommunikation zu erreichen. Dieser Weg führt nicht allein zum Hund, wir erfahren uns selbst in »vollständiger« Person. Dieses »Zurückfinden zu den tieferen Schichten der Person« (Olbrich 2003) fördert, so die Psychologen, die menschliche Persönlichkeit und ist heilsam, weil mehr Bezogenheit erfahren wird als im Alltagsleben. Und diese Kommunikation führt zu empathischem Empfinden mit dem Tier. Dass auf beiden Seiten Mensch – Hund Lernen kommunikativer Prozesse nötig ist, initiiert und geleitet vom Menschen, muss nicht weiter betont werden.

## Was ist Verständigung?

Kommunikation ist eine wechselseitig aufeinander abgestimmte Informationsübertragung zwischen zwei oder mehr Interaktionspartnern, sie bezieht sich auf jede Verhaltensweise eines Hundes, die mit einer Wahrscheinlichkeit, die als nicht zufällig abgesichert werden kann, eine **beobachtbare Verhaltensmodifikation des Adressaten** bewirkt.

Verständigung resultiert aus der Fähigkeit, das **Verhalten eines anderen durch das eigene Verhalten zu beeinflussen**. Kommunikation ist somit der inner- oder zwischenartliche Austausch von Nachrichten (der Sender informiert den Empfänger über etwas, was diesem vorher nicht gegenwärtig war), der das Verhalten des Senders verändert.

## Kommunikation als soziales Regulativ

Soziales Verhalten und Kommunikation bedingen einander. Je komplexer die sozialen Strukturen innerhalb einer Gruppe sind, desto subtiler und differenzierter ist die Kommunikation, die Sozialverhalten reguliert. Es gibt zudem unter Wölfen (und Hunden, die noch relativ unreglementiert leben können) ein Tradieren kommunikativer Besonderheiten, das sich auf den Lebensraum bzw. ihre spezifische soziale Gruppe bezieht.

Bestimmte Verhaltensweisen mit Auslöserfunktion werden in der Jugendentwicklung immer deutlicher und präziser, ganz im Sinne einer Optimierung der Verständigungsprozesse. Für Hunde und Menschen ist die Verständigung über Rituale ebenfalls sehr wichtig. Natürlich wird der »Pool« der Ausdrucksweisen nicht verändert, vielmehr eingeschliffen auf das schnelle Erkennen und Zuordnen bestimmter individueller Rituale. So verfeinert sich die Verständigung über Artgrenzen hinaus.

Hunde und Menschen weisen viele Analogien (Anpassungsähnlichkeiten) auf, die speziell ihr Sozialverhalten betreffen. Hunde sind bestens geeignet, in ein soziales, strukturiertes Gefüge integriert zu werden, ihre genetischen Dispositionen sind entsprechend.

Hunde benötigen konsequente Rituale und Regeln für dieses Zusammenleben.

Ein kleines Beispiel:

Für Hunde, die beim Spaziergang an der Leine ziehen, sollte folgendes Ritual zur Gewohnheit werden: Der Hundehalter bleibt stehen, wenn gezogen wird, geht letztendlich erst dann weiter, wenn der Hund stehen bleibt. Wird wiederum gezogen, wird der Gang unterbrochen. Feinheiten der Abstimmung dieser Kommunikation sind mit einem erfahrenen Hundetrainer zu erlernen. Zurückreißen des Hundes, den Hund anschreien oder ihm wortreich zu erklären, dass nicht richtig ist, was er macht, ist wirkungslos, kontraproduktiv, tierschutzrelevant und zu unterlassen.

## Übertragungskanäle, Signale und Sinnesorgane

Die Übertragungskanäle für bestimmte Signale setzen die Leistungsfähigkeit der jeweiligen *Sinnesorgane* voraus und sind in Abstimmung mit diesen entstanden (bei Haushunden ist diese Abstimmung durch Zuchtfehler nicht immer optimal, gelinde ausgedrückt).

So ist ein gutes Gehör Voraussetzung für die akustische Kommunikation, verschiedene Duftdrüsen in der unbehaarten Haut bzw. der Schleimhaut des Hundes oder ein eigenes Sinnesorgan für die olfaktorische (geruchliche) Wahrnehmung von Pheromonen (Sexuallockstoffen) gewährleisten die chemische (= olfaktorische, geruchliche oder gustatorische, geschmackliche) Kommunikation. Und die ausgeprägte Innervation (Nervenversorgung) der Körperoberfläche eines Hundes nimmt die Berührungsreize bei der taktilen Kommunikation auf.

Das Sehvermögen der meisten Hunde ist nach vorne orientiert und deckt einen Sehwinkel von ca. 205 Grad ab.

Der menschliche Hörbereich (16 - 20.000 Hz) kann Laute aus dem Ultraschallbereich (>20.000 Hz), die von Hunden geäußert werden, nicht wahrnehmen. Bis ca. 37 Khz wird unter Hunden kommuniziert und Hunde können Frequenzen bis ca. 60.000 Hz hören, was bedeutsam für ihr Beutefangverhalten ist (Ortung von Beutetieren, die im Ultraschallbereich kommunizieren). Laute aus dem Infraschallbereich (< 16 H) werden für Wild- und Haushunde nicht beschrieben.

Kommuniziert wird gleichzeitig über Signale oder Signalfolgen, die mehreren (oder allen) Übertragungskanälen zuzuordnen sind. So wird bei ängstlich-unterwürfigem Verhalten oft gewinselt, der Blickkontakt vermieden, und der Hund macht sich klein (»low posture«), zieht den Schwanz ein und legt die Ohren an. Möglicherweise kommt ein Harnen bei geduckter Haltung oder in Rückenlage hinzu. Einzelne Signale vermögen die hundliche Kommunikation nicht einmal ansatzweise stimmig zu erklären, alleine der **Gesamtausdruck** ist hier stets entscheidend. So kann ein Schwanzwedeln bei entspanntem, freudig-freundlichem Auftreten für freundliche soziale Kontaktaufnahme stehen, während es bei einem Hund, der mit kontrahierter Muskulatur und hoch aufgerichtet stolzierend die Distanz zu seinem Gegenüber unterschreitet, zu einem Drohauftritt gehört. Zudem wedeln Hunde bei Erregung überwiegend peitschend mit der Rute. Sie wedeln auch reaktiv auf Stressoren, können dabei wiederum defensiv-aggressiv gestimmt sein (s. o.). Was zählt, ist also stets der Gesamtausdruck, **ein Signal allein besagt nichts** (s. u.).

## Grundlegendes zur Kommunikation von Hunden

Kommunikation hat unter Wölfen und Haushunden eine ausgeprägte Appellfunktion, indem die Aufforderung des Senders an den Empfänger, bestimmte Verhaltensweisen zu zeigen oder zu unterlassen, zu ihren wichtigsten Inhalten zählt. Beispiele dafür sind Spielaufforderungen, Gruppenaggression, Alarm- und Warnrufe, Heulen und Bellen als »Zusammenrufen«.

Auch bei Wölfen (*Canis lupus* L.) und Haushunden (*Canis lupus familiaris*) sind viele der auditiven, visuellen, taktilen und olfaktorischen Signale nicht auf einen einzelnen Übertragungskanal beschränkt (s. o.), sondern werden als **Bedeutungseinheiten** gleichzeitig auf mehreren Kanälen übertragen.

*Kommunikation ist somit etwas Ganzheitliches, basierend auf der ausgeprägten hundlichen Fähigkeit zur Gestaltwahrnehmung, der Fähigkeit, Reizkombinationen nicht nur an der Gesamtheit ihrer Einzelmerkmale, vielmehr darüber hinaus an bestimmten Beziehungsstrukturen zwischen diesen Einzelmerkmalen zu erkennen* (Lorenz, 1959).

Kein Hund kann völlig ausdruckslos sein, auch die »neutrale« Mimik von Wölfen und Hunden vermittelt keine »Neutralität«, vielmehr situativ abhängig Ruhe und Entspannung bestimmten Artgenossen oder Sozialpartnern gegenüber.

Menschen, die *ganzheitlich* mit ihren Hunden kommunizieren, ihre Gesten, Blicke, die Klang- oder Geräuschhaftigkeit der Stimme, deren Modulation wie Lautstärke, und viele andere Einzelelemente ihres Ausdrucksverhaltens einsetzen, können über ihre Authentizität eine kommunikative Klarheit gewinnen, die Hunde quasi regelhaft (im Sinne von »ritualisiert«) für das Leben mit uns benötigen. Unser Ausdrucksverhalten bewirkt bekannterweise weit mehr als unsere Stimme allein. Die Fähigkeit von Hunden, sehr differenziert über verschiedene Kanäle ihres Ausdrucksverhaltens ganzheitlich zu kommunizieren, sollte beim gegenseitigen »Kommunikationslernen« unbedingt genutzt werden. Das verbietet nun nicht, dass ab und zu der eine oder andere Bereich stärker betont wird. Der Fluss des Kommunikativen ergibt sich. Das einander Verstehen ist die Voraussetzung für jede gute Beziehung, auch für diejenige zwischen Mensch und Hund (Feddersen-Petersen 2004).

## Domestikation, selektive Rassezucht und Kommunikation

Die morphologische Variabilität (Unterschiedlichkeit im äußeren Erscheinungsbild) unter den Hunderassen ist extrem. Viele Besonderheiten im Exterieur wirken signalverarmend, denn z. B. ausgeprägte Hängeohren lassen nur noch Ohrwurzelbewegungen zu, faltenreiche Gesichter nehmen jedem Nasenrückenrunzeln seinen Signalwert oder verhindern es ganz, starke Belefzung macht Lippen- und Mundwinkelbewegungen mit Signalcharakter, mehr oder weniger ausgeprägt, unmöglich. Zudem gibt es Rassen, die die Haare nicht mehr sträuben können oder andere mit einer »Dauerbürste«. Dennoch ist zu bezweifeln, dass sich diese Hunde nicht mehr »verstehen« lernen können, sich nicht mehr »als Hunde«, als Angehörige einer Art mit entsprechender Affinität zueinander, empfinden. Jedoch ist mehrfach wissenschaftlich nachgewiesen worden, dass Hunde Artgenossen der gleichen Rasse andersrassigen Hunden gegenüber bevorzugen.

*Möpse haben immer faltenreiche Gesichter, sind zudem brachyzephal (sie haben einen kurzen Gesichtsschädel) und Hängeohren. Mimisch gehen so etliche Ausdruckszonen verloren, »dafür« wird weit mehr vokalisiert, was der Kommunikation mit dem Menschen entgegenkommt.*

*Welsh Terrier können durch das stark bewollte Gesicht das (durchaus vorhandene) Signal kommunikativ kaum »wirksam« werden lassen (Nasenrückenrunzeln etwa). Auch die Mundwinkelbewegung (hier kurz und rund) ist durch das Haarkleid verdeckt.*

Haushunde beeindrucken also durch ihre hohe Variabilität in Morphologie und Verhalten. Ihre äußeren Merkmale (Schädelform, Körpergröße, Behaarung, Färbung etc.) sind teilweise extrem unterschiedlich (Zwerge und Riesen, Brachyzephalie (Kurzköpfigkeit) und Windhundkopfform). Auch wenn es besondere Affinitäten unter den Angehörigen einer Rasse geben mag, auch wenn Verständigungsprobleme vorkommen können, so besteht doch eine Affinität aller Hunde zueinander – und Hunde bleiben als Hunde Angehörige einer Unterart.

Ganz wesentlich ist sicher die Sozialisation eines Welpen an andere Hunde (nicht nur der eigenen Rassezugehörigkeit) in dessen Jugendentwicklung. »Welpenspielgruppen« mit kompetenter Leitung und festgesetzten Zielen für Hund und Halter sind in unserer Zeit unverzichtbar geworden, können sie doch entscheidende Weichen für jede Hundeentwicklung stellen.

Ebenso wichtig ist, dass dieser Kontakt auch später bewusst gefördert (so etwa in Junghundgruppen) und den Hunden ausgiebig zugestanden wird, ihre Rituale im Umgang miteinander zu lernen und zu verfeinern..

## Grundsätzliches zur optischen, akustischen, olfaktorischen und taktilen Kommunikation der Caniden

In der Ethologie spricht man von »**Displays**« (Übersetzung: Signale) und meint damit »Verhaltenseinheiten« oder »Signaleinheiten«, Bündel von Signalkomponenten also, die offensichtlich in einem Kommunikationssystem sowohl für den Sender als auch für den Empfänger eine **Bedeutungseinheit** bilden. Man kann solche Displays als die Grundeinheiten des kommunikativen Verhaltensrepertoires einer Art auffassen und könnte im Sinne der Nachrichtentechnik von einem »Code« sprechen.

Im Folgenden sollen Displays als Gesamtausdrücke oder Ausdruckssequenzen bezeichnet werden, da so verdeutlicht wird, dass es nie einzelne Signale sind, die einen bestimmten Bedeutungsinhalt haben, vielmehr differenziert zusammengesetzte Gesamtausdrücke, in denen Signalen je nach deren Kontext sehr unterschiedliche Bedeutungen zukommen (Feddersen 1978; Feddersen-Petersen 1992, 2004, 2008). Ein Gesamtausdruck umfasst also alle Signale in ihren unterschiedlichen Graduierungen, die wiederum einen Bedeutungsunterschied bewirken können.

So kann ein Schwanzwedeln nicht als Ausdruck freudiger Ausgelassenheit allein bezeichnet werden, vielmehr, je nach dem Gesamtausdruck bei sozialer Unsicherheit, allgemein bei Aufregung, so auch bei aggressiven Auftreten vorkommen und auch ängstliche Hunde kennzeichnen (s. o.).

Kommunikationssysteme der sozialen Arten sind flexibel, sehr graduiert und bei Wölfen und Hunden außerordentlich komplex. Zudem sind sie durch Lerneindrücke ausgeprägt überformbar und zunehmend situationsabhängig.

## Beispielhafte kommunikative optische Signalformen und Ausdruckssequenzen bei Haushunden

aus folgenden Verhaltenskategorien/Funktionskreisen:

1. Soziale Annäherung/Sozio-positives Verhalten
   Verhaltensweisen bei entspannter und freundlicher Stimmung
   z. B. Kontaktaufnahme
2. Beschwichtigungsverhalten/Submissionsverhalten
3. Dominanzverhalten
4. Imponierverhalten
5. Agonistik (offensive und defensive Aggression und Flucht)
6. Spielverhalten (Schwerpunkt: Sozialspiel)

Nach Konrad Lorenz (1951) sollte man nur dann von »Ausdruck« sprechen, wenn ein Verhalten im Dienste der Koordination sozialen Lebens differenziert wurde. Allgemein benennt man heute (s. o.) damit alle Verhaltensweisen, die der Kommunikation dienen, aber auch Stimmungen ausdrücken können. Es gibt ja eine Vielzahl wichtiger Informationen über die verschiedensten Verhaltensweisen und Gesamtausdrücke, die zum Zwecke der Kommunikation nicht verändert wurden, dennoch wichtige Eindrucksinformationen hinterlassen. Sehen wir etwa Hunde, die sich strecken, dabei hin und her bewegen, gähnen, somit Komfortverhaltensweisen zeigen, die sie nur dann ausführen, wenn sie sich sicher, wohl und ungestört fühlen, so trägt dieses Verhalten natürlich sehr wohl zum Verständnis ihrer Situation bei. Zudem wird eine entspannte Stimmung auf Gruppenmitglieder übertragen, sie wirkt ansteckend, ist damit verhaltensangleichend, so ist es müßig, darüber zu diskutieren, ob dieses ein Ausdrucksverhalten ist.

## Kontaktaufnahme

Zur Kontaktaufnahme mit dem Menschen springen viele Hunde an diesem hoch. Dieses Verhalten wird auch gezeigt, um fremde Menschen (z. B. Besucher) zu begrüßen. Die Intention ist wohl im Lecken des menschlichen Gesichts zu sehen. Da Hochspringen belästigen und gefährden kann (Hinfallen des Menschen kann z. B. resultieren) und auch schlicht nicht von jedem Menschen gewollt wird, sollte die Begrüßung verändert werden (ritualisiertes Anstupsen im Handbereich oder Lecken der Hände des Menschen). Reaktiv auf Hochspringen sollte Stehenbleiben und Ignorieren des Hundeverhaltens erfolgen. Anspringen sollte ein Tabu werden, da Hunde Niemanden belästigen dürfen.

## Beschwichtigungsverhalten u. a. Formen der Submission (Ausdrucksformen und Funktionen)

Demutsverhalten der Wild- und Haushunde wird motivationsabhängig als das »Streben des Unterlegenen nach freundlicher, harmonischer sozialer Integration« beschrieben (Schenkel 1967). Schenkel, dessen Arbeiten zur Submission nach wie vor von grundlegender Bedeutung sind, unterscheidet die Submission in »Aktive Demut« (Beschwichtigungsverhalten) und »Passive Demut« und führt beide Verhaltenskategorien auf bestimmte Muster des Welpenverhaltens zurück (Mundwinkelstupsen und -lecken der Welpen bei der Mutterhündin, das zum Hervorwürgen angedauter Nahrung führt, wird später zur submissiven Begrüßung von Artgenossen bzw. des Menschen gezeigt und die Rückenlage, in der Welpen reaktiv auf Bauch- und Anogenitalmassage durch die mütterliche Zunge verharren, zeigen Hunde später reaktiv auf Bedrohung durch dominante / sozial fordernde Artgenossen bzw. sozionegatives Verhalten des Menschen als Abrollen auf den Rücken, mit oder ohne Harnabsatz).

Einnehmen der Rückenlage zeigen ängstliche Hunde nicht selten bei der Begrüßung durch Menschen allgemein.

Die Pubertätsphase, umgangssprachlich als »Flegelpase« bezeichnet, ist durch soziale Exploration gekennzeichnet: Die Hunde testen aus, wie weit sie im Umgang mit Artgenossen und Menschen gehen können. Ihre Entwicklung bewegt sich in den vom Menschen gewünschten Rahmen, sofern der Mensch diesen Rahmen nur konsequent vorgibt und dem Hund über passende Kommunikation mitzuteilen versteht. Reaktiv können Hunde submissives Verhalten andeuten (kurze Blickvermeidung) oder Sich-Ducken oder Einnahme der Seitenlage. Wichtig ist, dass nach Verhaltensabbruch (etwa durch geräuschhaftes lautes Ansprechen des Hundes), dieser wieder in die Entspanntheit des Zusammenlebens mit seinen Menschen »zurückgeholt« wird.

Submissive Ausdrucksformen stehen für die Akzeptanz des größeren Handlungs-spielraum eines Gruppenmitglieds (des Menschen!). Sie erfolgen als Reaktion auf die Distanzunterschreitung oder auf Dominanzverhalten bzw. dominanzanzeigendes Verhalten eines Gruppenmitglieds mit großem Handlungsspielraum und wirken aggressionshemmend bzw. verhindern Eskalationen im Streit der Wölfe und Haus-hunde.

Man unterscheidet **spontanes bzw. aktives Demutsverhalten** (z. B. Aktive Unter-werfung) und **reaktives oder passives Demutsverhalten** (z. B. Passive Unterwerfung).

### »Aktive Unterwerfung/Demut« (Schenkel, 1967)

Es ist ein allgemeiner Ausdruck der (leicht unterwürfigen) Begrüßung des vertrauten Menschen oder Artgenossen.

*Aktive Demut: leicht unterwürfige Begrüßung eines Rüden durch eine Hündin (Mundwinkelstubsen und -lecken)*

Beschreibung: Der Kopf wird bei mehr oder weniger geduckter Körperhaltung gegen den aufrecht stehenden Partner angehoben, wobei die Schnauze auf dessen Lippen-partie gerichtet ist. Häufig wird der Kopf dabei leicht um die eigene Achse verdreht gehalten. Die Ohren sind mehr oder weniger vom Kopf abgespreizt, sog. »dachzie-gelförmig« mit abwärts gerichteter Öffnung, oder sie liegen ihm eng an. Durch Spannung der Stirnhaut werden die lateralen Augenwinkel seitwärts gezogen und die Augen schmal und schlitzförmig. Ihr Blick ist auf den Partner gerichtet. Die Lippen, welche die Zähne bedecken, sind zum »submissive grin« (Unterwürfigkeitsgrinsen) zurückgezogen.

Unterwürfigkeitsgrinsen (»submissive grin«) wird von Goldschakalen (wie abgebildet) ebenso wie bei Wölfen und Haushunden ausgeführt.

Typisch ist das Aufwärtsstupsen mit der Schnauze gegen die Mundwinkel des Partners und das Lecken dessen Lippen. Ebenso wird die Hand des vertrauten Menschen mit der Schnauze berührt und/oder kurz geleckt. Auch **gerichtete Leckintentionen** (**»Licking intentions«**) oder **Lecken der eigenen Schnauze** mit Blick auf den weiter ent-fernt stehenden Partner gehören dazu. Typisch ist Wedeln des mehr oder weniger eingezogenen/gesenkten Schwanzes.

Diese Reaktionen werden bei Hunden oft wertend als Ausdruck für deren »schlechtes Gewissen« gesehen, eine vermenschlichte Fehlinterpretation, die dem Hund jedoch kaum schadet, vielmehr die »menschliche Erwartungshaltung« ange-spannter Stimmung ihm gegenüber bestätigt, was seine submissiven Gesten verstär-ken und dann auch seine menschlichen Kumpane besänftigen wird.

Aktive Demut kann auch bei relativ aufrechter Körperhaltung als Begrüßung mit weniger deutlichen Zeichen der Submission gezeigt werden, dann, wenn der größe-re Handlungsspielraum des begrüßten Tieres akzeptiert und die soziale Beziehung zwischen beiden eng ist. **Pföteln** gehört zur aktiven Demut.

Weiterhin kann »aktive Demut«, wenn aggressiv darauf reagiert wird, in Defensivdrohen (Abwehrdrohen) übergehen. So ergibt sich etwa folgender »Mischausdruck« gekennzeichnet durch Zähneblecken bei langem Lippenspalt, Nasenrückenrunzeln, angelegte Ohren und leicht schlichtförmige Augen, die auf den Aggressor gerichtet sind.

*Mischmotivierter Ausdruck (aktive Demut und Abwehrdrohen, defensives Drohen)*

**Passive Demut** wird im Unterschied zur aktiven Komponente der Submission selten spontan, vielmehr reaktiv auf Imponieren oder Drohverhaltensweisen gezeigt. Hier sind zwei Ausdrucksformen zu unterscheiden: auf den Rücken rollen und Kopfwegdrehen (bzw. Blickvermeidung) oder sitzen/gehen in subdominanter Haltung mit oder ohne »Licking intention«.

*Passive Demut: Reaktiv auf Drohfixieren des Aggressors erfolgt aus der Rückenlage mit zwischen die Hinterbeine eingeklemmtem Schwanz, Blickvermeidung, Lecken der eigenen Lippen (und Schnauzenregion) bei langem Lippenspalt.*

*Passive Demut: In-sich-Hineinkriechen in sitzender Haltung, der Kopf ist gesenkt, die Ohren werden zur Seite bewegt (sog. dachziegelförmig, Öffnung nach unten), der Blick wird vermieden, der Lippenspalt ist lang.*

Auch »passive Unterwerfung« tritt häufig mit Übergängen zum Defensivausdruck auf bzw. sie entwickelt sich aus einer Abwehrdrohung oder kann in eine solche übergehen. Die Intensität des Ausdrucks ist von der Art des Angriffs bzw. des zu erwartenden Angriffs abhängig. Kennzeichnende Signale sind die Kopfbewegung nach unten, die glatte Stirn, die Blickvermeidung und die von der *Mittellinie abgespreizten und horizontal gedrehten Ohren*, reaktiv auf die Annäherung eines Aggressors, was diesen in der Regel beschwichtigt. Die Motivation zum Defensivdrohen zeigen Zähneblecken, langer Lippenspalt und Nasenrückenrunzeln. Die weit abstehenden Vibrissen (Schnurrhaare) stehen für Angespanntheit bzw. Erregung.

*Passive Demut mit Übergang ins Defensivdrohen*

Bei stärkerer Ausdrucksintensität der »passiven Unterwerfung« werden die Ohren dem Hinterkopf so eng angelegt, dass sich deren Spitzen berühren können; die Stirnhaut ist extrem gespannt, wodurch die obere Kopfpartie glatt und groß erscheint, während die Augen zunehmend schmal werden. Durch fortschreitendes waagerechtes Zurückziehen der Lippen, welche in den Mundwinkeln leicht angehoben werden können, entsteht der Ausdruck eines »submissive grin« (Fox 1971). Oft tritt in diesem Kontext Urinieren auf. Der Ausdruck steht durchaus für Angst und Stresssituationen. Das Sich-Kleinmachen und die Versuche, sich durch Flucht zu entziehen, gehören hierher. Auch die beschriebene Mimik und der Körperausdruck stehen für Angstsituationen (Hecheln, Schwanz eingeklemmt, Ohren zurückgelegt). Mehrfaches Gähnen als Übersprungsverhalten ist häufig, drückt die gleichzeitige Aktivierung entgegengesetzter Motivationen aus (z. B. Angriff und Flucht), was resultiert, ist ein Verhalten aus völlig »unpassendem« Funktionskreis, wie etwa das Gähnen. Lecken der eigenen Schnauze beschwichtigt, gehört zur »passiven Demut«.

Stresssymptome sind zudem allgemeine Unruhe und Hecheln (Anspannung, Aufregung). Bei chronischem Stress sind die Veränderungen des Hundes gravierender. Dieses gilt auch für das Äußere des Hundes, so wird das Haar im Laufe der Zeit struppig und stumpf und es kann zu Haarausfall kommen.

»Passive Demut« wird im Unterschied zur aktiven Komponente der Submission selten spontan, vielmehr reaktiv auf Imponieren oder Drohverhaltensweisen gezeigt. Hier sind zwei Ausdrucksformen zu unterscheiden: Auf den Rücken rollen und Kopfwegdrehen (bzw. Blickvermeidung) oder sitzen/gehen in subdominanter Haltung mit oder ohne »Licking intention«.

Und wie sieht es mit der Kommunikation zwischen Hund und Mensch aus diesem Funktionskreis aus? Nehmen wir das oft strapazierte Beispiel vom Hund, der die Wohnung durch Kot oder Urin verunreinigte und dem zurückkehrenden Menschen gegenüber in geduckter Haltung und mit Blickvermeidung begegnet. Wir können dem Hund schwerlich das »schlechte Gewissen« eines Menschen zuschreiben (s. o.), das wäre vermenschlichend. Vielmehr decodiert der Hund unsere Körpersprache, die ihm unseren Ärger kommuniziert und er reagiert mit Beschwichtigungsverhalten. Er mag auch Furcht vor unserer Reaktion haben, wenn er gelernt hat, was unserer analogen Kommunikation (die Zorn kommuniziert) folgt. So begegnet er uns mit Unterwürfigkeit, Ängstlichkeit und Vorsicht und beschwichtigt. Ein Grübeln indes über das »verbotene Tun« können wir ihm nicht attestieren. Hunde haben keine menschlichen Moralvorstellungen, sie werten ihr Handeln nicht als »gut« und »böse«. Für sie ist gut, was ihnen gut tut und schlecht, was ihnen schadet.

## Gibt es eine Dominanzhierarchie oder Rangordnung unter Haushunden bzw. unter Hunden und Menschen?

Hunde, die zusammen leben oder sich regelmäßig im Tagesverlauf sehen, etablieren häufig eine akzeptierte Form des sozialen Miteinander, eine soziale Hierarchie, die sehr unterschiedlich aussehen kann. Hunde und Menschen etablieren keine Rangordnung, vielmehr bestimmen Menschen die Handlungsspielräume ihrer Hunde, setzen ihnen also Grenzen und fügen sie nach subjektiven Aspekten, somit variabel und jeweils unterschiedlich, in ihre Familie ein.

Ein großer Handlungsspielraum eines Hundes wird häufig durch seine effiziente Aufmerksamkeitsforderung verdeutlicht. Dabei geht es um das erfolgreiche Initiieren von Spielen, um Futter und Zuwendung seitens des Menschen.

Hunde, die einander treffen, zeigen häufig Rituale des Imponierens und des Dominanzverhaltens und testen ihre sozialen Möglichkeiten in diesem situativen Kontext aus. Eine Rangordnung resultiert nicht.

**Dominanzverhalten im eigentlichen Sinne setzt die Regelhaftigkeit von Beziehungen voraus bzw. es spiegelt sie wider. Dominanz ist eine Eigenschaft von Beziehungen und nicht von Individuen** (nach Van Hooff & Wensing 1987).

In sozialen Gruppen von Wölfen, verwilderten Haushunden oder auch Haushunden, die miteinander leben, etablieren sich (überwiegend) Hierarchien, die sehr variabel sind, je nach den ökologischen Gegebenheiten. Mensch-Hund-Konstellationen sind in keine »Rangordnung« zu »pressen«, diese Terminologie ist schlicht nicht stimmig. Menschen ziehen Grenzen bezüglich bestimmter hundlicher Verhaltensweisen und geben damit Freiheiten, dieses sehr individuell (s. o.).

Dominanz bedeutet, dass in einer dyadischen Beziehung (einer Beziehung zwischen zwei Tieren) A regelmäßig die Freiheit von B einschränkt bzw. sich selbst ein hohes Maß an Freiheit zugesteht, **ohne dass B effektiv etwas dagegen tut, sondern B seine Einschränkungen akzeptiert.**

Dominanz bezeichnet also eine **Regelhaftigkeit** in einer Zweierbeziehung. Sie ist dann gegeben, wenn A bestimmte Verhaltensweisen gegenüber B häufiger zeigt als zufällig zu erwarten wäre. Die Regelhaftigkeit bezieht sich also auf ein lineares Verhalten zwischen A und B.

Dabei handelt es sich um Verhaltensweisen, die die Verhaltensmöglichkeiten, insbesondere die Bewegungsfreiheit, von B einschränken. A reagiert dabei auf das Verhalten von B, ohne durch dieses Verhalten eingeschränkt zu werden und B *duldet die Einschränkung ohne deutliche oder effektive Gegenwehr. Tatsächlich ist Dominanz wesentlich vom Verhalten B´s abhängig, da seine Reaktion die Effektivität der Verhaltens-*

weisen von A bestimmt. Dominanz ist aber andererseits die von B akzeptierte Verhaltensfreiheit von A, z. B. die Freiheit, B´s Individualdistanz zu missachten oder ihn zu verprügeln etc.

Dominanz ist also die von B akzeptierte Verhaltensfreiheit von A. A wird als dominant, B als subdominant bezeichnet, sie kennzeichnet die Regelhaftigkeit ihres Verhaltens in einer Beziehung.

Als Parameter von Dominanz gelten die Häufigkeiten von Verhaltensereignissen, bei denen A B einschränkt oder A sich frei gegenüber B verhält.

Diese Verhaltensweisen werden als dominantes oder dominanzanzeigendes Verhalten zusammengefasst. Dazu gehören »Weg verstellen«, »In die Ecke drängen«, »Aufreiten« (von hinten oder seitlich (sog. T-Sequenz), »Zwicken«, »Über die Schnauze Beißen«, »Herunterdrücken« u. a. agonistische Auftritte (s. d.).

Das ranghöchste Tier in einer sozialen Gruppe von Hunden ist häufig gekennzeichnet durch ausgeprägte Ruhe und Gelassenheit, hat es selten nötig, aggressive Verhaltensweisen zu zeigen, **beeinflusst das Verhalten der übrigen Tiere, die sich an ihm orientieren, jedoch am nachhaltigsten.**

Den größeren Handlungsspielraum in einer Beziehung kommuniziert man nicht über Druck und Zwang (Unsinnigkeiten wie das schwungvolle Verbringen des Hundes in die Rückenlage z. B.), sondern durch Authentizität, durch initiatives Verhalten dem Hund gegenüber, der sich sozial am Menschen orientieren sollte. Aufdringliches und herausforderndes Verhalten des Hundes wird ignoriert. Ob der Mensch oder Hund zuerst Nahrung zu sich nehmen und wann Hund oder Mensch etwa Türen durchschreiten, ist völlig belanglos.

Ein Beispiel zu Hunden und Menschen: Wenn Hunde (Rüden) das Bein eines Menschen mit den Vorderbeinen umklammern, so ist dieses Verhalten oft kein Auftritt der zum Spielverhalten gehört, es entbehrt z. B. der spieltypischen Kriterien. Vielmehr handelt es sich um ein statusbezogenes Verhalten (sog. ranganmaßendes Verhalten) oder umadressiertes Sexualverhalten. Vielleicht hat es mit einer Stresssituation, in der sich der Hund unmittelbar bevor befand zu tun, und der Hund baut über dieses Umklammern Stress ab.

Aufgeregte Hunde und solche, die Angst haben, sich mit Stressoren auseinandersetzen müssen, pflegen zu hecheln. Hecheln dient ansonsten der Wärmeregulation (dem Hund ist heiß oder er hat Durst).

Schwanzwedeln für sich allein genommen, sagt nichts aus. Es ist stets der Gesamtausdruck, der im situativen Kontext zu bewerten ist. Schwanzwedeln kann im aufgeregten Auftritt (peitschende Schwanzbewegungen), bei Drohung oder sehr entspannt von spielmotivierten Hunden gezeigt werden.

Plötzliches Desinteresse am täglichen Geschehen, am Streiten wie z. B. den vielen Formen der Kontaktaufnahme, kann ein Symptom für einen Krankheitsprozess sein und sollte tierärztlich aufgeklärt werden.

## Imponierverhalten

Das Imponieren umfasst verschiedene Verhaltensweisen, die ungerichtet soziale Sicherheit und Angriffsbereitschaft zeigen, »eigene Stärke demonstrieren«, ohne dass dabei eine Auseinandersetzung beabsichtigt ist. Imponieren wird zwar zum agonistischen Verhalten gezählt, zumeist dennoch gesondert behandelt, da es im Allgemeinen weder Flucht noch Angriffsverhalten auslöst und ein »ungerichtetes Drohen« ist. Zu Auseinandersetzungen mit Körperkontakt kommt es in aller Regel nicht. Neben der Botschaft an mögliche Rivalen soll Imponierverhalten durchaus Hündinnen »beeindrucken«. Natürlich wird auch dann imponiert, wenn nur Rivalen bzw. nur heiße Hündinnen anwesend sind (oder die Bindungspartnerin »beeindruckt« werden kann).

Imponierverhalten von Hunden gilt auch Menschen, zumeist denjenigen der gemischten sozialen Gruppe. Wenn weit und breit kein Artgenosse in Sicht ist, so wird dennoch Imponierscharren u. a. gezeigt, Zuhause sieht man in Fällen ungünstiger sozialer Entwicklung Imponierverhaltensweisen in Bereichen, die allein dem Leben des Hundes vorbehalten sind … und seine Menschen in Randbezirke verweist. Das sollte nicht sein, kann im Grunde Niemand wollen, zeigt allein, wie leidensfähig Menschen sein können, die Hunde lieben und sie nicht adäquat sozial integrierten.

Typisch für Imponierverhaltensweisen ist, dass der Körper optisch vergrößert gezeigt wird. So sind alle Gliedmaßen gestreckt, der Körper richtet sich hoch auf, der Hals wird steil nach oben, der Kopf hoch und die Schnauze waagerecht gehalten. Die Ohrwurzel wird nach vorn bewegt und ist nach oben zusammengezogen, wodurch sich das Ohr bei schmaler Öffnung leicht nach vorn neigt. Der Blick ist stets vom Artgenossen abgewandt. Der Gang imponierender Hunde wirkt steif und »hölzern«, da alle Muskeln angespannt und die Gelenke in der Bewegung möglichst wenig gebeugt werden. Der Schwanz wird angehoben, so dass er die Rückenlinie fortsetzt oder diese leicht nach oben »verlängert«. Im Bereich des Nackens, des Rückens und am Schwanz können die Haare leicht aufgestellt sein.

Imponieren beinhaltet eine latente Drohung, die allerdings ungerichtet ist. Imponierverhaltensweisen bieten gute Beispiele dafür, dass einzelne Signale für sich allein genommen, über die Stimmung eines Tieres *nichts aussagen*. Der abgewandte Blick spricht hier nicht für soziale Unsicherheit, sondern signalisiert im Gesamtausdruck *soziale Überlegenheit*. Dass Halsdarbieten keine Unterlegenheitsgeste ist, ist lange bekannt, hier gehört es zum Ausdruck *sozialer Überlegenheit*. Dennoch steht Imponieren für »Stärke zeigen« bei relativ geringem Rangunterschied zum Gegner, die Anspannung und die stark gehemmten Bewegungen sind Symptome für die mit einer Angriffstendenz gekoppelte Angst (Zimen 1991), die in der Regel wiederum verhindert, dass sich aus einer derartigen Situation ein Ernstkampf entwickelt. Es gibt gegenseitiges Imponieren zweier fast gleichr sozial sicherer Hunde, das überwiegend allein durch »Stärkezeigen« beendet wird.

Imponierscharren hat mindestens folgende Funktionen: Zum einen das Verteilen von Duftmarken, denn gescharrt wird nach dem Koten, insbesondere nach dem Harnen, zum anderen die latente Drohung über den optischen Ausdruck: Gescharrt wird mit allen Zeichen der sozialen Überlegenheit (erhobener Kopf, kräftige, weitausholende Bewegungen, Haareaufstellen, evtl. Drohbellen). Optische, akustische und olfaktorische Signale gehören zum komplexen Ausdruck. Das Scharren gräbt übrigens Rillen in den Boden und vergrößert die Oberfläche zur weitflächigeren Aufnahme der chemischen Botschaft, deren Trägersubstanzen (z. B. Urin) ihn durchtränken. Imponierscharren zeigt beispielhaft, wie verschiedene Signale simultan eingesetzt werden, um die Wirkung einer Botschaft zu verstärken.

### Imponierscharren

Das Tier scharrt mit einer Vorderpfote oder alternierend ist beiden oder es spritzschaufelt mit allen vier Pfoten lose Erde nach hinten. Dabei sind die Ausdrucksstrukturen auf den Gegner gerichtet, ähnlich wie beim aggressiven Scharren, zusätzlich wird eine Imponierhaltung eingenommen. Imponierscharren ist Ausdruck »sozialer Potenz« und wird besonders von »ranghohen Tieren«, häufig in Verbindung mit Spritzharnen und Koten gezeigt. Dieses Verhalten tritt unabhängig von der Anwesenheit anderer Tiere auf, kann aber auch vor bzw. in der Nähe eines Rivalen gezeigt werden mit dann deutlich auf diesen gerichteten Ausdrucksstrukturen.

### Imponiertragen

Mit einem Futterstück, manchmal auch mit einem Ersatzobjekt (Holzstück) im Maul läuft der Hund steifbeinig in Imponierhaltung mit gehobenem Kopf und mit nach oben gebogenem Schwanz vor seinem Partner, schiebt sich evtl. gegen ihn und dreht immer den Kopf weg, wenn der Partner nach dem Futterstück greift.

### T-Stellung

Bei der T-Stellung bzw. T-Sequenz stellt sich ein Tier seitlich senkrecht vor ein anderes, so dass die beiden Körper ein T bilden. Der Imponierende formt dabei den Querbalken und schränkt die Bewegungsfreiheit des anderen ein.

## Kopfauflegen

Kopfauflegen wird sowohl im Kontext der sozialen Annäherung als auch beim Imponieren gezeigt. Dabei wird der Kopf oder das Kinn auf einen Körperteil, meistens den Rücken, des Partners gelegt.

## Pfote-auf-den-Rücken-des-Gegners-Legen

Eine Vorderpfote wird auf den Rücken des Gegners gelegt oder gegen diesen gestemmt. Diese Verhaltensweise mit Aufforderungscharakter kommt in vielen Imponiersituationen vor.

## Agonistik oder

**Agonistisches Verhalten** (nach Scott & Fredericson 1951) wird funktionell als übergeordnete Einheit der Verhaltensweisen der **Aggression** mit jenen der **Flucht** verstanden, indem ihm all jene Verhaltensweisen zugeordnet werden, die in ihrer Motivation auf Angriff, Drohen und Fliehen bezogen sind. Agonistisches Verhalten stellt keinen eigenen Funktionskreis dar, ist vielmehr Funktionszielen, wie z. B. Raum- und Partneransprüchen, zugeordnet.

Ziel des agonistischen Verhaltens ist die Distanzvergrößerung, es fordert aber auch Distanzunterschreitungen, etwa wenn ein Tier die Absicht hat, ein anderes anzugreifen. Somit überschneiden sich die zwei Tendenzen Angriff und Flucht.

Aggressives Verhalten repräsentiert also nur einen Teilbereich der Agonistik, das als Sammelbezeichnung gilt und beinhaltet zwei gegensätzliche Anteile, das Angriffs- (oder offensive) Verhalten und das Abwehr- (oder defensive) Verhalten sowie die Flucht.

| Aggressionsverhalten | | | |
|---|---|---|---|
| **Offensiv** | | **Defensiv** | |
| Drohen | Anschleichen | Drohen | Gebissklappen |
| | Blickkontakt | | Wegsehen |
| | Überfalldrohung | | Abwehrschnappen |
| | Haarsträuben | | Haaresträuben |
| | Knurren | | Knurren |
| | Vorn-Zähneblecken | | Voll-Zähneblecken |
| | Beißdrohstellung | | Abwehrdrohen |
| Gehemmt | Über-die-Schnauze-Beißen | Gehemmt | Abwehr mit gekrümmtem Hals |
| | Gegenstand abnehmen | | |
| | Schieben  Anrempeln | | Abwehrkreisel |
| | Aufreiten  Runterdrücken | | Abwehr auf dem Rücken |
| Umstellen | Überfall  Abwehrstoßen | | |
| | Vorderbeinstoßen | | |
| | Anspringen  Hochkampf | | |
| | Rückenbiß  Verfolgen | | |
| Frei | Angriff | Frei | Abwehrbeißen |
| | Beißen | | |
| | Ernstkampf | | |

mod. nach Zimen 1971

*Offensives und defensives Aggressionsverhalten und einige kennzeichnende Verhaltensmuster bei zunehmender Tendenz zur Eskalation der Auseinandersetzung (aus Feddersen-Petersen 2008)*

## Aggressionsverhalten

Aggressionen erfüllen etliche Aufgaben im Dienste der Eignung, sind vielursächlich und als Regulativ des Sozialverhaltens unerlässlich.

Aggressives Verhalten kann also im Dienste einer ganzen Reihe von Funktionskreisen stehen, ohne selbst im engeren Sinne ein solcher zu sein. Es unterliegt somit verschiedensten Auslösern und Antriebsmechanismen und ist in sehr unterschiedlicher Weise stammes- und individualgeschichtlich angepasst.

Wenn man von »unerwünschtem Aggressionsverhalten« spricht, so meint man ein Verhalten, das sich nach nicht gelungener Einpassung des Hundes in die gemischte Hund-Mensch-Gruppe entwickelt, das auf fehlgelaufene Erziehung und das Unvermögen des Menschen, seinen Hund verlässlich im Verhalten zu beeinflussen, zurückzuführen ist. Gezielte Ausbildung eines Verhaltensberaters, der systemisch vorgeht, also die sozialen Beziehungen der jeweiligen Mensch-Hunde-Gruppe in seine Beratung einbezieht, wäre angesagt.

Intraspezifische (innerartliche) und interspezifische (zwischenartliche) Aggression wird heute nicht mehr unterschieden, vielmehr das innerartliche Aggressionsverhalten dem zwischenartlichen Beutefangverhalten (Jagdverhalten) gegenübergestellt. Die Steuerung beider Verhaltensbereiche erfolgt über unterschiedliche neuronale Areale. Hunde und Menschen bilden »zwischenartliche soziale Gruppierungen«, aggressive Auftritte wären somit als »innerartlich« zu kennzeichnen, da es sich zwischen ihnen um soziale Auftritte und kein Beutefangverhalten handelt.

## Ausdrucksformen des Aggressionsverhaltens sind:

### Offensives Drohverhalten

Zum offensiven Drohverhalten gehören der Blickkontakt bzw. das Fixieren, Haaresträuben, Knurren, Vorn-Zähneblecken, Über-dem-Gegner-Stehen, Überfalldrohung und Anschleichen.

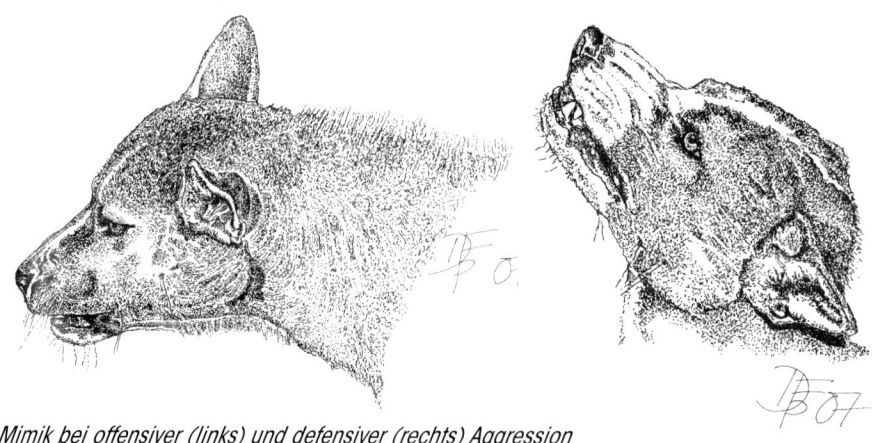

*Mimik bei offensiver (links) und defensiver (rechts) Aggression*

Beim Fixieren wird der Kopf ganz still gehalten, die Augen sind zur optischen Orientierung auf die Informationsquelle gerichtet, die Ohren werden zur akustischen Orientierung weit geöffnet nach vorne gerichtet.

Das Fixieren eines Sozialpartners in der gegnerischen Auseinandersetzung ist ein »Angriffsblick«. Dabei schaut das Tier mit maximal geöffneten Augen direkt und fixierend dem Gegner in die Augen.

*Haaresträuben*

Bei starker Aggressivität und/oder Unsicherheit werden die langen Haare der Rückenlinie hochgestellt, vor allem am Hals und in der Schulterregion.

*Knurren*

Knurren ist ein Drohlaut, eine akustische Unterstützung der optischen Drohung. Bei schwachem Drohen kann auch ohne optische Ausdrucksstrukturen geknurrt werden. Aggressives Knurren ist tief und geräuschhaft.

*Vorn-Zähneblecken*

Beim Vorn-Zähneblecken wird die Unterlippe nach unten, die Oberlippe nach oben über die Schneide- und Eckzähne gezogen. Dadurch werden die Zähne und bei intensivem Zähneblecken auch das Zahnfleisch sichtbar. Meist ist dabei das Maul leicht geöffnet, der Nasenrücken ist immer gerunzelt, manchmal wird geknurrt. Vorn-Zähneblecken mit kurzem Mundwinkel kommt bei aggressiven selbstsicheren Drohformen vor, mit langen Mundwinkeln bei defensiven Drohformen. In der Regel sehen wir nicht den »reinen« Ausdruck, vielmehr Mischmotivationen. Der »runde, kurze Mundwinkel« ist schwer auszumachen. Wir sehen, dass auch die Haut im Bereich des Fangs nach vorne gezogen wird, wenn sicher gedroht wird. Dann schiebt sich die Haut am Nasenrücken zusammen und runzelt diesen und die Lippen sind kaum auszumachen.

*Über-dem-Gegner-Stehen*

Das Tier steht parallel, anti-parallel oder quer über seinem liegenden Gegner, bei intensivem Zähneblecken und Knurren. Nur wenn sich der Gegner bewegt wird er leicht gebissen oder durch Runterdrücken in Schach gehalten. Über-dem-Gegner-Stehen ist oft am Ende einer Beißerei zwischen zwei Tieren mit ungleichem sozialen Status zu beobachten, wenn sich der Unterlegene auf den Rücken abrollt und der Überlegene dieses Drohverhalten zeigt.

## Defensives Drohverhalten

Zum defensiven Drohverhalten gehören Abwehrdrohen, Wegsehen, Haaresträuben, Knurren, Voll-Zähneblecken, Abwehrschnappen, Gebissklappen, Abwehr-Beißen, Abwehr-Schnauzgriff, Vorderkörper-Tief-Stellung, Hinterteil-Zukehren und spielerische Abwehr.

### Abwehrdrohen

Das Abwehrdrohen kann je nach Intensität und sozialer Situation in seiner Ausdrucksform sehr fein differenziert werden. Die Ausdruckselemente liegen hauptsächlich im Gesicht und in der Lautgebung, während das Tier ansonsten eine eher undifferenzierte defensive Körperhaltung einnimmt. Vor allem die verschiedenen Formen des Zähnebleckens und des Nasenrückenrunzelns sind charakteristische Ausdruckselemente. Bei der intensitätsschwächsten Form des Abwehrdrohens ist nur der Nasenrücken gerunzelt. Mit zunehmender Bedrohung und Abwehrbereitschaft werden die Mundwinkel nach hinten gezogen und die Zähne gebleckt. Stark sozial- und/oder umweltunsichere Tiere zeigen als die intensivste Form von Abwehrdrohen das Maulaufreißen. Die intensitätsschwächeren Formen des reinen Abwehrdrohens sind lautlos. Die intensiveren Formen von Abwehrdrohen werden durch leises Fauchen bis zu einem lautem hochfrequentem Schrei-Fauchen hören.

### Voll-Zähneblecken

Bei nach hinten gezogenem Mundwinkel und gerunzeltem Nasenrücken werden Ober- und Unterlippe sowohl über die Schneide- und Eckzähne wie auch über die Vorbackenzähne hoch- bzw. heruntergezogen. Damit sind fast alle Zähne und besonders vorn auch das Zahnfleisch sichtbar. Diese Form des Zähnebleckens wird immer von fauchenden und keifenden Lauten begleitet. Sie ist eine Beißdrohung bei großer sozialer Unsicherheit.

### Abwehrschnappen

Das angegriffene Tier richtet bei defensiver Körperhaltung und Drohmimik viele schnelle Bisse in die Luft gegen seinen Gegner. Beim Abwehrschnappen besteht zunächst eine deutliche Beißhemmung. Es wird gezeigt, wenn ein sich wehrendes Tier, das sich nicht entfernen kann, aggressiver bedrängt wird.

### Gebissklappen

Beim Gebissklappen werden wie beim Abwehrschnappen mehrmals schnelle Beißbewegungen gegen den Gegner gerichtet. Dabei schlagen die Zähne jeweils mit einem lauten Geräusch zusammen. Das Gebissklappen kann ganz nah am Gegner oder in einiger Entfernung zu ihm ausgeführt werden und tritt häufig bei solchen Tieren auf, die oft angegriffen werden.

### Abwehr-Beißen

Beim Abwehr-Beißen richtet das Tier in defensiver Haltung während kurzer Vorstöße Bisse gegen den Gegner, besonders gegen den seitlichen und oberen Teil des Nackens und oft auch gegen die Ohren.

### Über-die-Schnauze-Beißen

Beim Über-die-Schnauze-Beißen wird die Schnauze des Partners von unten, von der Seite oder von oben quer ins Maul genommen. Alle Intensitätsstufen des Voll-Zähnebleckens können dabei gezeigt werden. Das Beißen ist fast immer von einem Knurr-Fauchen oder von einem Winseln begleitet und findet unter deutlicher Beißhemmung statt. Über-die-Schnauze-Beißen ist unter Wölfen eine sehr häufige und vielseitig einsetzbare Verhaltensweise, die in unterschiedlichsten Kontexten (Dominanzverhalten oder dominanzanzeigendes Verhalten, Kontaktverhalten, Grooming, Schnauzenzärtlichkeit, submissives Verhalten) gezeigt werden kann.

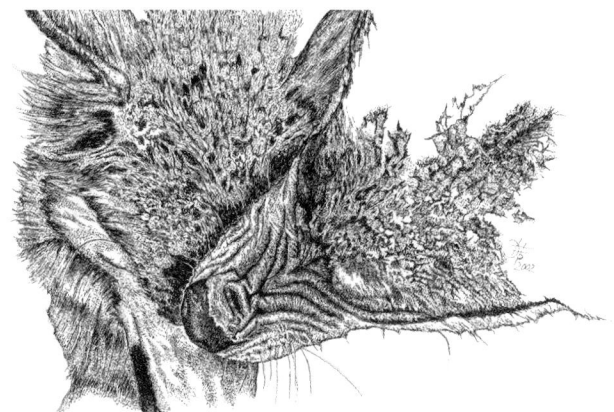

*Über-die-Schnauze-Beißen unter Wölfen*

### Beißen

Das Beißen gehört neben Drohen und Imponieren natürlich zu den wichtigsten Elementen aller aggressiven Auseinandersetzungen. Doch nur in den äußerst seltenen ernsten innerartlichen Kampfformen, beim Angriff und beim Ernstkampf, wird mit voller Kraft gebissen und der Gegner ernsthaft verletzt. In allen anderen Fällen, in denen ein Artgenosse gebissen wird, besteht eine mehr oder weniger stark ausgeprägte Beißhemmung. Die Kraft des Bisses bzw. der Grad der Beißhemmung wird fein graduiert auf die jeweilige Situation abgestimmt, so dass nicht selten nur ein (hochritualisiertes) Schnappen in Richtung des Gegners gezeigt wird.

Auf Angriffsdrohen aus sozial sicherer Position heraus, bewegt sich der Hund steifbeinig (durchgedrückte Gelenke). Seine Körperhaltung ist steif, der Kopf erhoben, die

Rute bildet eine Linie mit dem Körper oder sie wird erhoben getragen. Drohfixieren gehört hierher, also starres in die Augen Sehen. Zudem kann tief und geräuschhaft geknurrt werden und Zähneblecken im Bereich der Schneide- und Eckzähne gezeigt werden.

### Beißschütteln

Das Tier beißt sich im Fell des Gegners fest und reißt den Kopf kräftig hin und her. Beißschütteln wird in angedeuteter und ungefährlicher Form auch im Spiel imitiert, ansonsten nur beim Beschädigungsbeißen im Ernstkampf gezeigt, wo es zu schweren Verletzungen führen kann.

### Angriff

Das angreifende Tier läuft mit leicht gesenktem und weit nach vorn und gerade gehaltenem Kopf mit etwas eingeknickten Beinen auf den Gegner zu und springt ihn an. Dabei steht der Schwanz waagerecht nach hinten, die Rückenhaare sind leicht gesträubt und alle Gesichtsstrukturen sind bei fehlender Drohmimik nach vorne auf das Angriffsziel gerichtet. Der Angriff ist ein Zeichen höchster Aggressivität, dem stets ein Beschädigungsbeißen folgt, und ist innerhalb eines Rudels (Wölfe) sehr selten zu beobachten.

### Ernstkampf

Die im Ernstkampf interagierenden Tiere versuchen sich gegenseitig schwere Verletzungen zuzufügen. Die Bisse werden vor allem gegen Kopf, Schnauze und Hals des Gegners gerichtet. Die Tiere beißen sich im Fell des Gegners fest und zeigen intensives Beißschütteln. Ernstkämpfe laufen unter Wölfen stets lautlos ab, unter Hunden wird dabei auch geknurrt und seltener gebellt. Der Verlierer eines Ernstkampfes zeigt kein Demutsverhalten! Die einzigen Möglichkeiten mit dem Leben davonzukommen sind für ihn Flucht oder intensive Verteidigung aus einer geschützten Rückzugsmöglichkeit heraus.

### Abwehrbeißen

Als freies defensiv-aggressives Verhalten wird das Abwehrbeißen bezeichnet, Bisse, die während kurzer Vorstöße vor allem gegen den Nacken und die Ohren des Gegners gerichtet werden.

## Aggressivität

Aggressivität kennzeichnet das Ausmaß der Angriffsbereitschaft eines Individuums, eine spezifische Motivationslagen, die von etlichen Faktoren beeinflusst ist und mindestens 9 allgemeinen Bedingungen unterliegt (mod. und ergänzt nach Hassenstein 2007):

- genetische Disposition/Rasse
- Umwelteinflüsse (frühe Ontogenese), Sozialisation
- Bindung an Artgenossen/Menschen,
- endogene Faktoren (Läufigkeit, Trächtigkeit, Jungtiere; circadiane Rhythmik (Tagesrhythmus, der die Einstellung auf bestimmte immer wiederkehrende Ereignisse im Tagesverlauf optimiert, so die Hell- Dunkelphasen)
- Geschlecht
- Alter
- soziale Exploration/Erziehung
- Störung (z. B. Krankheit)
- Territorium
- Selbst- und Jungenverteidigung (Hündinnen sind angriffsbereiter, wenn sie Welpen führen). Auch Scheinträchtigkeit führt, hormonell gesteuert, zu erhöhter Aggressivität.
- sexuelle Rivalität
- Frustration (Behinderung von Durchlaufen einer Handlungskette bis Endhandlung)
- Gruppenaggression
- Angst bei Ausweglosigkeit

Die Verhaltensmuster können bei verschiedener Verursachung voneinander abweichen.

Beim Versuch, einem Hund das Futter wegzunehmen oder ihn beim Fressen zu stören, kann dieser aggressiv reagieren.

Bereits dem Knurren des Hundes am Fressnapf sollte durch professionelles Verhaltenstraining begegnet werden. Soziale Exploration, Alter, Geschlecht, Sozialisation und Erziehung spielen hier eine Rolle.

Auch die Begegnung zweier Hunde ist oft durch aggressive Initiativen wie Reaktionen gekennzeichnet, zumeist sind es die beschriebenen Rituale, um einander einschätzen und kennenlernen zu können.

Auch Menschen werden durch Blickfixieren bedroht. Drohfixieren ist nicht zu vergleichen mit dem ruhigem Ansehen des entspannten Tieres, das sozialen Kontakt zum Menschen (z. B. als Bindungspartner) aufnimmt. Drohfixieren wird begleitet von weiteren aggressiven Mustern (Angespanntheit, geräuschhaftes Knurren, Zähneblecken z. B.). Wegschauen des Menschen hingegen provoziert nicht.

Das Berühren eines Hundes durch fremde Personen kann dieser aggressiv kontern. Dieses geschieht wohl häufiger dann, wenn die Personen unsicher sind oder Hunde etwa durch Blickfixierung provozieren. Auf Berühren wird besonders dann defensiv aggressiv reagiert, wenn der berührte Hund Angst hat und nicht ausweichen kann. Ängstliche Hunde reagieren im Allgemeinen schneller aggressiv, sind verteidigungsbereiter und beißen aus Angst schneller zu als sozial sichere Tiere. Ängstliche Hunde, die nicht ausweichen können, beißen nicht selten aus Todesangst.

Im Rahmen der tierärztlichen Behandlung reagieren gerade ängstliche Hunde aggressiv oder viele Hunde dann, wenn Manipulationen schmerzhaft sind.

Aggressives Verhalten (aggressive Kommunikation) muss gelernt werden. Dieses Lernen erfolgt zu einem Großteil im Spiel der Welpen untereinander, mit erwachsenen Hunden und mit Menschen. Auch die Beißhemmung wird gelernt, im Sozialspiel etwa, wo Welpen, die zu fest zubeißen, das Spiel beenden, was außerordentlich negativ erlebt wird, denn Spiel ist lustbetont. Die Beißhemmung gehört zur ritualisierten aggressiven Kommunikation und ist ihr wichtiger Bestandteil, der Eskalationen verhindert. Eine angeborene Beißhemmung gibt es bei keiner Hunderasse.

Auch die Fütterung mit rohem, blutigem Fleisch macht sicherlich keinen Hund aggressiv. Der Geschmack des Futters hat in der Tat nichts mit der Gestimmtheit, der Aggressionsbereitschaft zu tun.

Bei aggressiven Auftritten angeleinter Hunde empfiehlt es sich, nicht durch eigenes aufgeregtes Verhalten oder Maßregeln des Hundes die Eskalation voranzutreiben, vielmehr ruhig und gelassen zu bleiben, die Situation, wenn angezeigt, durch Weitergehen mit dem Hund zu beenden und den Hund zu loben. Aggressive Auftritte unter Hunde kommen vor, werden immer vorkommen. Wichtig ist, nicht sofort einzugreifen (Hund am Nackenfell schütteln wäre ausgesprochen unsinnig), sondern durch Besonnenheit, Ruhe und situativ angezeigtes Verhalten eine erregte Stimmung zu neutralisieren. Denn Hunde orientieren sich an ihren Menschen, deren aggressive Stimmung auf sie übergeht.

Angeleint reagieren etliche Hunde aggressiver als frei laufend, denn unsichere oder erregte Besitzer übertragen ihre Stimmungen auf den Hund, der nun entsprechend, somit auch aggressiver reagieren kann. Zudem können angeleinte Hunde sich ja nicht frei bewegen, auch nicht ausweichen, Distanzen werden immer wieder unterschritten und die Tiere fühlen sich bedroht.

Warum zerstören Hunde Wohnungseinrichtungen, wenn man sie alleine lässt?
Hunde sind soziale Lebewesen, somit bestrebt, zu den Sozialpartnern zu gelangen und mit diesen zu leben. Alleingelassen bewältigen sie die reizarme Lebenssituation zunächst durch Exploration der Wohnung oder des Hauses. Alles ist hoch vertraut, riecht gleich, sieht gleich aus. Dann gehen sie zum Bebeißen und Zernagen der Gegenstände über, denn dieses restriktive Leben allein in der Wohnung ist ausgesprochen langweilig. So kommt es zur Zerstörung der Einrichtungsgegenstände. Hinzu kommt Angst, Trennungsangst vom Bindungspartner, der »gerufen« wird durch Bellen und/oder Heulen. All diese Strategien greifen nicht als Bewältigungsstrategien. Es resultiert die Exploration und Zerstörung der Wohnung – und letztendlich die Endwicklung von Verhaltensstörungen.

## Beutefangverhalten (Jagdverhalten):

Das Beutefangverhalten oder der Beuteerwerb setzt sich grundsätzlich aus folgenden vier Handlungsabläufen zusammen:

1. dem Finden der Beute,
2. dem Fangen (oder Fassen),
3. dem Töten,
4. dem Fressen (oder (partiellen) Vergraben/Futtervergraben) der Beute.

Die Struktur der Verhaltensmodalitäten entspricht derjenigen des motivierten Verhaltens.

### Orientierendes Appetenzverhalten:

Ein Suchverhalten, das dem Entdecken des Beutetieres dient und der Abstandsverringerung zwischen Prädator (Jäger) und Beute. Dabei konzentrieren sich auch Wölfe (und Hunde) auf spezifische Kennreize und Suchbilder, das Beuteschema.

Das Beuteschema meint die Gesamtheit der Kennreize einer Beuteart, deren Körperform und Bewegungen. Dem Beuteschema liegen neben genetischer Disposition Lernerfahrungen zugrunde. Das genetisch disponierte »Suchbild« besteht nur aus einzelnen spezifischen Merkmalen des zu findenden Tieres, was die Anpassung an das Lernen des Beutespektrums flexibel gestaltet.

Dabei erfolgt eine Orientierung an eigenen Ortserfahrungen und an Merkmalen anderer Artgenossen – Beuteappetenzverhalten ist ansteckend und es ist sehr lustbetont!

### Orientiertes Appetenzverhalten:

Darunter versteht man die vollständige aktive oder passive Annäherung an die Beute. Dabei wird ein bestimmtes Beutetier ausgewählt, bei dem im Sinne des Optimalitätsprinzips Aufwand und Nutzen in einem günstigen Verhältnis stehen. Wölfe hetzen ihre Beute nur über relativ kurze Strecken, Jagdhunde verhalten sich ihren Spezialbegabungen entsprechend (Windhunde jagen über längere Strecken (Ermüdungsrennen), verschiedene Jagdhunderassen verhalten sich variabel, Terrier jagen ausdauernd). Große Beutetiere werden von Wölfen kooperativ erjagt und getötet. Dabei wird auf höchster Stufe unter kommunikativem Austausch und bei Kenntnis des gemeinsamen Ziels mit Rollenverteilung kooperiert. Kooperative Jagden gibt es bei zwei oder mehreren Hunden im Bereich der letzten Annäherung gleichfalls.

Die Endhandlung des Beutefangverhaltens besteht im Angriff, Festhalten (oder Inbesitznahme der Beute), Schütteln im Nackenbereich und Bisse. Die Beute wird durch Pfotenstemmen geöffnet, sie kann verzehrt und eventuell verwahrt (vergraben) werden.

Beutefangverhalten hat nichts mit Aggressionsverhalten zu tun (s. o.). Auch Beutefangverhalten (oder Jagdverhalten) ist normales Hundeverhalten. Dennoch muss es durch adäquate Erziehung unterbunden werden, um das Verfolgen und Töten von Wildtieren zu verhindern (sog. Wildern). Am wirkungsvollsten erscheint, Hunde in Wald und Flur angeleint zu führen.

Alle Hunde jagen, mehr oder weniger ausgeprägt, je nach Rassezugehörigkeit und individueller Veranlagung. Das Beutefangverhalten ist ausgeprägt lustbetont, es wird durch hirneigene Amine belohnt. Jagdhunderassen sind Spezialisten für bestimmte Bereiche des Beutefangverhaltens. Bei ihnen ist dieser Bereich züchterisch gefördert worden.

Hunde sind, so betrachtet, Raubtiere par excellence. Sie sind motiviert zum Beutefangverhalten, suchen zunächst ungerichtet, verfolgen dann olfaktorische Spuren oder optische Signale. Ihre Erregung steigert sich dabei und sie verlieren sich in »rauschähnlichen Erregungszuständen«.

## Bindung:

Eine stabile, positive Bindung zu seinem Menschen bedeutet soziale und emotionale Sicherheit für den Hund. Hunde mit stabiler Bindung orientieren sich in ängstigenden Situationen am Halter. Wichtig ist, dass Bindung soziale Sicherheit vermittelt, die dann dem Welpen bzw. Junghund ermöglicht, früh seine Umwelt zu erkunden und auf andere Sozialpartner zuzugehen. Hunde, die eine stabile Bindung zu ihren Menschen haben, zeigen vergleichsweise viel Neugier- und Erkundungsverhalten sowie allgemein viel Sozialverhalten. Eine ambivalente Bindung zwischen Hund und Halter wurde bei Menschen registriert, bei denen Naturentfremdung und der Verlust der »selbstverständlichen Ganzheit« (Bergler 1986) festzustellen war. Ihnen fehlte der normale Zugang zum Tier, mit dem das soziale Leben in der gemischten Gemeinschaft sowohl für den menschlichen wie auch für den tierischen Part als beglückend bzw. freudevoll erlebt wird.

Beziehungen und Bindungen müssen sich somit entwickeln, sind systemisch, haben mit der sozialen Gruppe, in der ein Hund lebt und lernt zu tun.

Falsch ist, davon auszugehen, dass Kinder mit Hunden »alles tun dürfen«, weil sie wie Welpen bei Hunden eine ausgesprochene Narrenfreiheit haben. Indes ist es völlig normal, dass nicht an Kinder sozialisierte Hunde knurren, drohen oder auch schnappen. Es gibt kein angeborenes »Programm der Narrenfreiheit«, Hunde müssen lernen, wie sie mit Kindern umzugehen haben, ebenso wie Kinder Respekt und Achtung vor Hunden erfahren und Regeln im Umgang mit ihnen zu achten haben. Erwachsene sollten, wenn Kinder und Hunde interagieren, aus Sicherheitsgründen stets anwesend sein.

Es gibt auch keinen »angeborenen Welpenschutz«, kein genetisch determiniertes Verhalten, das bei adulten Hunden die »Narrenfreiheit« Welpen gegenüber gewährleistet, vielmehr greifen auch hier Lernverhalten und genetische Disposition sowie hormoneller Status ineinander und den Welpen schützt sein unterwürfiges Verhalten (aktive und passive Demut).

## Spielverhalten
### Einige Charakteristika:

1. Spielen findet im »entspannten Feld« statt, wird bei Hunger oder Gefahr abgebrochen.

2. Im Spiel werden Handlungen aus den verschiedensten Funktionskreisen frei kombiniert: bekannte Verhaltensweisen mit charakteristischen Besonderheiten bilden so (beliebig) kombinierbare Sequenzen aus unterschiedlichen Funktionskreisen, deren Endhandlungen fehlen, hinzu kommen Spielbewegungen und Spielzeichen.

3. Spielverhalten wird begleitet von spielspezifischen Ausdruckselementen, sogenannten »Spielsignalen« oder »Spielzeichen«, und dem »Spielgesicht«.
Beispiel: die Vorderkörper-Tief-Stellung (der sog. »bow«) wird unter Bewegungsüberschwang (der Hund springt z. B. um den Menschen herum) mit entspannter Mimik, Spielgesicht und lockerem Schwanzwedeln durchgeführt.

*Spielgesichter bei Windhunden. Dass weite Maulaufreißen als Ausdrucksübertreibung ist sehr deutlich, ebenso wie die ansonsten entspannten Gesichter.*

4. Die typischen Endhandlungen fehlen im Spiel (Hunde mit eingeklemmter Rute, die gejagt werden, spielen nicht mehr!).

5. »Neue« (»erfundene«, kreierte) Bewegungen treten auf. Im Verlauf des Spiels können also neue Bewegungen wie Ausdrücke »erfunden« werden.

6. Spiel zielt gewöhnlich auf eine Distanzverminderung ab.

7. Spielverhalten ist geprägt von Übertreibungen und Wiederholungen sowie einem ausufernden Bewegungsluxus. Im Vergleich zu entsprechenden »Ernsthandlungen« machen sie einen »übertriebenen« Eindruck, sie werden unter großem Kraftaufwand, in größerer Geschwindigkeit und/oder unter häufigeren Wiederholungen ausgeführt.

8. Spielverhalten ist eigenmotiviert und scheint Spaß zu bereiten (lustbetontes Ausprobieren motivierten Verhaltens).

9. Es findet vorzugsweise in einem frühen Lebensalter statt. Vor allem Jungtiere spielen ausgeprägt, wobei sensible Phasen für das Lernen mit häufigem Spiel korrelieren (»Spielalter«).

10. Sprunghafter Wechsel der Rollen (Gejagter und Verfolger; im Spiel jagt jeder Hund einmal einen anderen und wird selbst auch gejagt) und andere kennzeichnende Dynamiken.

11. Das Fehlen des dafür typischen Ernstbezuges (Wechsel des Realitätsbezuges) ist spieltypisch.

12. Spiel ist zweckfrei (im Moment des Spielens.

13. Im Spiel werden körperliche und kognitive Entwicklung gefördert.

## Spielverhalten bei Hunden

Insbesondere während der Jugendentwicklung hat das Spiel, allem voran das Sozialspiel, eine herausragende Bedeutung für die Ausdifferenzierung des Verhaltens. Je komplexer die Organismen und ihre entsprechenden Fähigkeiten sind, desto länger ist die Zeitspanne der Jugendentwicklung und desto deutlicher gibt es in ihrer Individualentwicklung eine Phase, in der Erkunden, Neugierverhalten, Spielen und Nachahmen den wesentlichen Lebensinhalt darstellen. Diese Phase bezeichnet Bernhard Hassenstein als Spielalter.

Bei Hunden ist diese Spielphase nicht so scharf abzugrenzen, auch erwachsene Tiere spielen relativ häufig. Natürlich gibt es auch hier interindividuelle Unterschiede.

»Spielen umschließt angeborenes und erlerntes Verhalten. Es umfasst so viele Handlungsvariationen wie sonst keine Verhaltensweise, und es kann Elemente aus allen übrigen Verhaltensbereichen enthalten.« (Hassenstein 1980). Die Neugier eines individuellen Hundes beeinflusst die Ausprägung seiner »Umwelt- und Objektorientierung«. Neugier ist sicherlich der motivationale »Motor« für das Erkundungsverhalten. Auch die Art des »bevorzugten Spiels« vermag Hinweise für die Beantwortung dieser Frage zu geben. Ein Indikator für gute Befindlichkeit ist Spielverhalten immer.

Literaturverzeichnis:
Coppinger, R. P. and Coppinger, L. (2001): Dogs: a new understanding of canine origin, behavior and evolution. University of Chicago Press, Chicago.
Feddersen, D. U. (1978): Ausdrucksverhalten und soziale Organisation bei Goldschakalen (Canis aureus L.), Zwergpudeln (Canis lupus f. familiaris) und deren Gefangenschaftsbastarden. Diss., Tierärztliche Hochschule Hannover.
Feddersen-Petersen, D. U. (1991): The ontogeny of social play and agonistic behaviour in selected canid species. Bonn. Zool. Beitr. 42, 97-
Feddersen-Petersen, D. U. (2004): Hundepsychologie. Sozialverhalten und Wesen, Emotionen und Individualität. Franckh-Kosmos, Stuttgart.
Feddersen-Petersen, D. U. (2008): Ausdrucksverhalten beim Hund. Mimik und Körpersprache, Kommunikation und Verständigung. Franckh-Kosmos, Stuttgart.
Fox, M. W. (1971): Socio – infantile and social – sexual signals in canids: a comparative and ontogenetic study. Z. Tierpsychol. 28, 185 – 210.
Hassenstein, B. (2007): Verhaltensbiologie des Kindes. 6. Auflage., Morgenstein und Vannerdat, Münster.
Herre, W., Röhrs, M. (1990): Haustiere – zoologisch gesehen. Gustav Fischer, Stuttgart, New York.
Lorenz, K. (1959): Gestaltwahrnehmung als Quelle wissenschaftlicher Erkenntnis. Z. exp. Angew. Psychol. 4, 118 – 165.

Olbrich, E. (2003): Zur Ethik der Mensch-Tier-Beziehung aus der Sicht der Verhaltensforschung. In: Olbrich, Otterstedt, C. (Hrsg.): Menschen brauchen Tiere. Grundlagen und Praxis der tiergestützten Pädagogik und Therapie. Kosmos-Verlag, Stuttgart, 32 – 57.

Randi, E., Lucchini, V., Christensen, M. F., Mucci, N., Funk, S.M., Dolf, G., Leschke, V. (2000): Mitochondrial DNA variability in Italian and East European Wolves: Detecting the consequences of small population size and hybridization. Conservation Biology 14, 464 – 473.

Scott, J. P., Fredericson, E. (1951): The cause of fighting in mice and rats. Physiological Zoology 24, 273 – 309.

Savolainen, P. (2006): mtDNA studies on the origin of dogs. In: Ostrander, E. A., Giger, U., Lindbladh, K., eds. The dog and ist genome, pp. 119 – 140. Cold Spring Harbor Laboratory Press, New York.

Schenkel, R. (1967): Submission: Ist Features and Functions in the Wolf and Dog. Am. Zool. 7, 319 – 329.

Tsuda, K., Kikkawa, Y., Yonekawa, H., Tanabe, Y. (1997): Extensive inbreeding occured among multiple matriarchal ancestors during the domestication of dogs: evidence from inter- and intraspecific polymorphisms in the D-loop region of the mitochondrial DNA between dogs and wolves. Genes Genet. Syst. 72, 229 – 238.

Van Hooff, J. A. R. A. M., Wensing, J. (1987): Dominance and ist behavioral measure in a captive wolf pack. In: Frank, H. (ed.): Man and wolf: Advances, issues and problems in captive wolf research. Junk, Dordrecht, 219 – 252.

Vilà , C., Savolainen, P., Maldonado, J.E., Amorim, I. R., Rice, J. E., Honeycutt, R. L., Crandall, K. A., Lundeberg, J., Wayne, R. K. (1997): Multiple and ancient origins of the domestic dog. Science 276, 1687 – 1689.

Watzlawick, P., Beavin, J., Jackson, D. (1996): Menschliche Kommunikation. Formen, Störungen, Paradoxien. Hans Huber, Bern/Göttingen/Toronto/Seattle.

Dr. Felicia Rehage & Eiko Weigand

**Lassie, Rex & Co.**

### Der Schlüssel zur erfolgreichen Hundeerziehung

Lassie, Rex und Beethoven – so einen Hund haben Sie sich schon immer gewünscht! So ein kluges Tier! Die Realität sieht anders aus als die Kinofilme, wie unsere Tierheime eindrucksvoll widerspiegeln. Ein ganz besonderes Erziehungsbuch, das erklärt, wie Hunde denken und lernen. Ein charmantes, kluges, humorvolles, aber auch nachdenkliches Buch.

2006 in der 7. Auflage aktualisiert.

139 Seiten, durchgehend farbig illustriert mit humorvollen Zeichnungen

ISBN 978-3-933228-11-6

21,00 € (D)  21,60 € (A)  36,90 CHF

Dr. Pasquale Piturru & Eiko Weigand

**Lassie, Rex & Co. klären auf**

### Wege zur erfolgreichen Hundeerziehung und Verhaltenstherapie

Der aktuelle Wissensstand der Hunde-Verhaltensforschung wird hier auf höchst unterhaltsame Weise und mit einmaligen Zeichnungen dargeboten – spannend, lehrreich und witzig! Die ideale Ergänzung zum Erfolgswerk »Lassie, Rex & Co. – Der Schlüssel zur erfolgreichen Hundeerziehung«.

2009 in der 3. Auflage aktualisiert, mit einem Vorwort von Dr. D. U. Feddersen-Petersen

147 Seiten, durchgehend farbig illustriert mit humorvollen Zeichnungen

ISBN 978-3-938071-78-6

21,00 € (D)  21,60 € (A)  36,90 CHF

## Kynos Verlag Dr. Dieter Fleig GmbH

Konrad-Zuse-Straße 3 • D-54552 Nerdlen/Daun
Fon: 06592 957389-0 • Fax: 06592 957389-20
info@kynos-verlag.de • www.kynos-verlag.de

Patricia B. McConnell

## Das andere Ende der Leine
### Was unseren Umgang mit Hunden bestimmt

Dies ist eigentlich kein Buch über Hundeerziehung, sondern eines über Menschenerziehung! Intelligent, wissenschaftlich, humorvoll und oft verblüffend erklärt die Autorin, welche typischen Missverständnisse zwischen dem »Affen« Mensch und dem »Wolf« Hund einer ungetrübten Beziehung oft im Wege stehen.

Zahlreiche Aha-Erlebnisse und vergnügtes Schmunzeln sind beim Lesen garantiert.

256 Seiten, s/w-Fotos

ISBN 978-3-933228-93-2

19,90 € (D)  20,50 € (A)  34,90 CHF

Patricia B. McConnell

## Liebst du mich auch?
### Die Gefühlswelt bei Hund und Mensch

Die Autorin des Erfolgsbuches »Das andere Ende der Leine« – bei uns bereits in der 10. Auflage – untersucht in diesem spannenden Buch die Frage, ob und wie Hunde mit uns die gleichen Gefühle teilen. Die von der Forschung lange vernachlässigte Frage »Können Tiere fühlen?« wird hier auf gleichermaßen unterhaltsame wie wissenschaftliche Weise beantwortet.

»Ein Muss für alle Hundebesitzer.« Stanley Coren

364 Seiten, s/w-Foros

ISBN 978-3-938071-37-3

19,90 € (D)  20,50 € (A)  34,90 CHF

### Kynos Verlag Dr. Dieter Fleig GmbH

Konrad-Zuse-Straße 3 • D-54552 Nerdlen/Daun

Fon: 06592 957389-0 • Fax: 06592 957389-20

info@kynos-verlag.de • www.kynos-verlag.de

# Hundebücher

## für Menschen mit dem
## richtigen Riecher

Diese Bücher und noch über 250 weitere Titel
rund um den Hund gibt es bei:

**Kynos Verlag Dr. Dieter Fleig GmbH**
Konrad-Zuse-Straße 3 · D-54552 Nerdlen/Daun
Fon: 06592 957389-0 · Fax: 06592 957389-20
info@kynos-verlag.de · www.kynos-verlag.de

Fordern Sie Ihr kostenloses Gesamtverzeichnis bei uns an.